难采稠油开发理论与技术

孙焕泉　著

石油工业出版社

内 容 提 要

本书以常规注蒸汽技术的稠油油藏为研究对象，针对单一注蒸汽技术的相态变化快、热量传递慢的问题，揭示了稠油热、剂、气复合协同增效机制，形成了难采稠油基于非达西渗流的热复合开发理论，研发了薄层超稠油氮气热复合开发新技术、深层特超稠油二氧化碳强化热力开发技术、水驱稠油转蒸汽驱提高采收率技术和高轮次吞吐后提高采收率技术。

本书可供从事油气开发理论研究和稠油开发实践人员阅读和参考。

图书在版编目（CIP）数据

难采稠油开发理论与技术 / 孙焕泉著 .—北京：

石油工业出版社，2021.3

ISBN 978-7-5183-4595-3

Ⅰ . ① 难… Ⅱ . ① 孙… Ⅲ . ① 稠油开采—研究 Ⅳ .

① TE345

中国版本图书馆 CIP 数据核字（2021）第 128851 号

出版发行：石油工业出版社

（北京安定门外安华里 2 区 1 号　 100011）

网　　址：www.petropub.com

编辑部：（010）64523541　 图书营销中心：（010）64523633

经　　销：全国新华书店

印　　刷：北京中石油彩色印刷有限责任公司

2021 年 3 月第 1 版　 2021 年 3 月第 1 次印刷

787×1092 毫米　 开本：1/16　 印张：14.5

字数：340 千字

定价：116.00 元

（如出现印装质量问题，我社图书营销中心负责调换）

前　言

我国稠油资源丰富，其资源量占石油总资源量的 20% 以上，是保障国家能源和战略安全的重要组成部分。我国已在 12 个盆地发现了 70 多个需要热采的稠油油田，国内探明储量约 $40 \times 10^8 t$，通过热采方法年产稠油约 $1600 \times 10^4 t$。稠油是我国原油产量的重要组成部分，实现稠油资源的高效开发，对降低石油对外依存度、保障国家能源安全具有重要的现实意义。同时，稠油也是国家重大工程和国防尖端装备急需的战略物资，稠油中的特殊组分是加工航空航天燃料、高端机油和高等级沥青等特种油的重要原料。

我国稠油多属难采稠油，现有热采技术亟需升级换代。我国蒸汽吞吐方式开发的稠油约占稠油热采总产量的 85%，随着吞吐轮次增加，油汽比降低，开发效果变差，约 50% 稠油储量的吞吐采收率不足 20%，必须转换开发方式以提高采收率；转蒸汽驱方式理论上原油采收率可以达到 50%，但对埋藏深度大于 1000m 的稠油油藏，难以达到成功开展蒸汽驱的条件。我国新发现的稠油资源，储量低品位和原油劣质化趋势明显，主要是以深层（大于 1400m）、高黏度（大于 50000mPa·s）、薄储层（厚度小于 6m）、强水敏（水敏后渗透率保留率小于 30%）及强边底水（水体倍数大于 10）为主要特征的稠油油藏。大量矿场实践已证明，这些低品位稠油常规注蒸汽热采技术无法有效开发。为实现难采稠油的有效开发，需要创新发展稠油热采的升级换代技术。

多元热复合开发方法是难采稠油有效开发的发展趋势，基础研究和技术方法存在空白和瓶颈。为了解决难采稠油有效开发和提高采收率的问题，国内外学者尝试了向蒸汽中添加多种助剂和气体的技术方法，并已经开展了大量的室内研究和矿场试验，这种化学剂 + 非凝析气辅助注蒸汽的复合方式，突破了单一注蒸汽开发方式，有望成为开采难采稠油的升级换代技术，但这种方法的作用机理尚未明确，大多数矿场应用仅仅作为油井措施，有效期短，应用效果差异大。目前的基础研究尚存在空白，相应的多元热复合方法和数值模拟方法等关键技术存在瓶颈。

针对稠油资源接替形势及面临的问题，并根据难采稠油的主要特征，加强相应的基础研究和技术创新，并在胜利油田等我国主力稠油热采区的若干典型油藏区块实施，取得了较好的矿场应用效果。本书是相应的基础研究和重大矿场项目成果的总结，全书共分7章。第一章介绍了难采稠油油藏特征和开发技术现状。第二章通过测试稠油组成、黏度以及流变特性，稠油的启动压力特征和非等温两相渗流特征，系统研究了稠油的物理性质，揭示了稠油非达西渗流机理，在此基础上分析了不同热波及区带中的渗流流态和储量可动用特征。第三章针对单一注蒸汽技术的相态变化快、热量传递慢的问题，揭示了难采稠油开发动用机理，包括蒸汽加热降黏、氮气增能隔热、超临界二氧化碳溶解降黏、油溶剂降黏的热/气/剂复合增效机理；同时研究了吞吐后期热/化学复合提高采收率机理和稠油水驱转蒸汽驱提高采收率机理。第四章以春风油田为例，进行薄层超稠油开发技术优化，包括降黏剂筛选、氮气用量、热/化学复合吞吐参数等，研制了相应的开发配套工艺技术，通过矿场应用评价建立了这类稠油的热/化学复合开发的技术界限。第五章以王庄油田郑411块油藏为例，提出了该类稠油的二氧化碳强化热力开发技术，并对注采参数和组合方式进行优化组合；研制了适应深层稠油的包括全密闭高压注汽工艺、亚临界状态下注汽监测、稠油油藏储层改造和井筒降黏举升等的配套工艺技术。第六章以孤岛油田中二中Ng5油藏为例，进行转蒸汽驱开发技术优化，确定了转蒸汽驱开发技术政策界限，研制了适应深层稠油的包括直井密闭注汽管柱、注汽管网蒸汽干度调控、蒸汽驱复合堵调等配套工艺技术。第七章以孤岛中二北Ng5油藏为例，提出了氮气泡沫辅助注蒸汽提高采收率技术，并对高轮次吞吐后化学蒸汽驱参数进行优化，研制了等干度分配计量装置、高干度注汽工艺、直读式井底流温流压测试仪、监测井多点参数测试等配套工艺技术，该技术在矿场获得成功应用。中国石化胜利油田张宗檩、束青林、杨勇、杨元亮等，中国石化石油勘探开发研究院所有研究人员对本书做出了重要贡献。本书成书过程中李兆敏教授、刘慧卿教授等多次提出宝贵意见，在此对他们的大力支持和帮助一并表示感谢！

由于编者水平有限，书中难免存在不妥之处，敬请读者批评指正。

目 录

第一章 绪 论

稠油是我国原油产量的重要组成部分，2019年国家石油对外依存度达70.8%，实现稠油资源的高效开发，对降低石油对外依存度、保障国家能源安全具有重要的现实意义。同时，稠油也是国家重大工程和国防尖端装备急需的战略物资，例如稠油中的特殊组分是加工航空航天燃料、高端机油和高等级沥青等特种油的重要原料。

随着我国现代化建设的进程，石油消费的需求也日益增长，国内供需矛盾突出，导致我国石油对外依赖度越来越大，国家能源战略安全形势也越来越严峻。突出的矛盾迫使我们在开拓国际原油供给市场的同时还要加大国内石油资源的勘探开发力度。目前我国石油勘探开发程度已经趋于深化，探明储量品位越来越低，老油田开采难度越来越大，整体稳产形势严峻。在此形势下亟须提高石油开采与利用技术，提高资源的动用率与利用率。稠油资源占我国石油总资源的20%以上，其中大部分又属于难采稠油，动用程度低，动用难度大。胜利油田在多年的稠油开发实践中积累了大量的成功开发经验。针对各类难采稠油油藏不同的开发难点形成了相应的开发思路，进而形成了一整套开发技术，有效提高了稠油油藏的动用率。

第一节 难采稠油油藏特征

稠油即高黏度重质原油，是指在油层温度下脱气原油黏度大于100mPa·s，相对密度大于0.92的原油[1-2]。国际上通常将稠油称为重油（Heavy oil），将黏度极高的重质原油称为天然沥青砂（Natural Bitumen）或沥青油砂（Tar sand oil），不同的名称反映了针对它们特性的两种指标，中国稠油分类标准见表1–1。

（1）普通稠油：地层温度条件下原油黏度50～10000mPa·s，且相对密度大于0.92的原油。其中又可分为两个亚类：黏度在50～150mPa·s（地层温度下含气原油）的稠油油藏可以注水开发；原油黏度大于150mPa·s（地层温度下含气原油）～10000mPa·s（地层温度下脱气原油）的稠油油藏，适宜于注蒸汽开发或者其他方式开采。

（2）特稠油：地层温度下脱气原油黏度在10000～50000mPa·s，且相对密度大于0.95的原油，适宜于注蒸汽开发。

（3）超稠油：脱气原油黏度大于50000mPa·s，且相对密度在0.98以上的原油。在油层条件下，这种稠油流动性差或不能流动，只能采用热采方式。

以黏度作为主要的分类方法表明了稠油在油藏中的流动特性，稠油黏度高，所以其流动性能差，一般在油层条件下不能流动，常规开采方法很难有效的开发。但稠油的黏度对温度非常敏感，具有随着温度升高，黏度急剧下降的特性。随着原油黏度的变化，稠油的渗流特性也将发生变化。

表 1-1　中国稠油分类标准

稠油分类		主要指标	辅助指标
名称	类别	黏度（mPa·s）	相对密度（20℃）
普通稠油	Ⅰ	50[①]（或 100）～10000	>0.92
	亚类　Ⅰ-1	50[①]～150[①]	>0.92
	Ⅰ-2	150[①]～10000	>0.92
特稠油	Ⅱ	10000～50000	>0.95
超稠油（天然沥青）	Ⅲ	>50000	>0.98

① 指油藏条件下的原油黏度，其他的指油藏温度下脱气原油的黏度。

根据油藏单因素开发分类特征，按照埋藏深度可以分为浅层、中深层、深层、特深层、超深层（表 1-2）。结合稠油黏度单因素的分类标准，目前通常将稠油油藏分为浅层超稠油，中深层特超稠油，超深层稠油油藏等。

表 1-2　中国稠油油藏埋深度分类

油藏分类	深度（m）	压力（MPa）
浅层	<600	<6
中深层	600～900	6～9
深层	900～1300	9～13
特深层	1300～1700	13～17
超深层	>1700	>17

由于受断层、构造和岩性等诸多因素的影响，油、气、水分布特征复杂，从而导致稠油油藏的类型多样。总体来说，稠油油藏的分类名称主要还是要突出油藏的主要矛盾。油藏条件苛刻导致常规注蒸汽无法有效建产。受地质条件与流体因素影响的深层、超深层、薄层、超稠、低渗透、强水敏等油藏，开采难度远大于常规稠油。另一类难采稠油油藏为一种开采技术无法再进行有效开发的油藏，如普通稠油水驱后油藏和高轮次吞吐后稠油油藏。这些开采技术在前期都取得相应的开发效果，但后期由于开发机理受限，使得油藏仍然有大量剩余油未能动用，并且在开采过程中改造了油藏，使得油藏物性特征发生改变，增强了非均质性，开采难度加大。

胜利油区稠油储量主要分布在单家寺、乐安、孤岛、王庄等 11 个油田，具有埋藏深、油层薄、边底水活跃和储层敏感性强的特点[3]。稠油地质储量 10×10^8t，占有重要比例。而 94% 稠油储量品位低，属于难采稠油油藏。胜利油田难采稠油油藏具有以下几个特点。

"稠"，地层原油黏度大于 80mPa·s，水驱开发效果差，原油黏度大于 50000mPa·s 的储量占 14%，常规吞吐无法动用（图 1-1）[4]。胜利王庄油田郑 411 沙三段属于典型的超稠油，其中坨 826 块沙三段、郑 411 块沙三段、郑 39 块和郑 409 块沙一段原油黏度大于 10×10^4mPa·s，胜利油田根据实际开发状况对超稠油进行细分，将黏度 10×10^4mPa·s 的超稠油称为特超稠油[5]。

"薄"，油层厚度小于 10m，储量占 27%，其中小于 6m，储量占 24.9%，热损失大。胜利油田陈 373、陈 375 区块层多、层薄，薄层厚度 2～6m（图 1-2）。

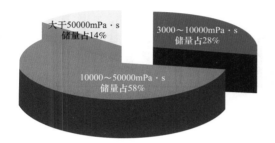

图 1-1　胜利油田稠油储量中黏度分布

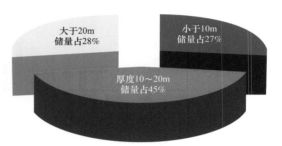

图 1-2　胜利油田稠油储量中厚度分布

"强"，储层敏感性强。王庄油田、陈家庄油田多处区块存在中等程度以上的水敏，其稠油储量水敏强度分布情况如图 1-3 所示。特别是王庄油田沙一段具有强—极强的水敏性，导致该区块注汽压力高、质量差，油层能量补充困难，开发效果不理想。

"深"，埋藏深度超过 1200m 储量占 92%，导致井底干度低。王庄油田埋深 1100～1400m，热损失大，常规直井注汽开发无法获得产能。

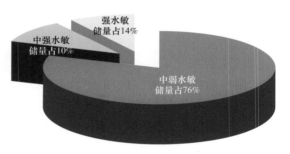

图 1-3　胜利油田稠油储量中水敏强度分布

将采用单一注蒸汽技术不能经济有效开发的稠油统称为难采稠油，包括低效、低采收率的已开发稠油，以及具有埋藏深、黏度高、薄储层、强水敏和边底水等一种或多种特征的低品位未动用稠油，例如强边底水薄层超稠油、深层稠油、敏感性稠油等油藏类型[6]。

第二节　难采稠油开发技术现状

稠油油藏依靠天然能量开采采收率很低，为 3%～5%。目前稠油开采方式可分为两大类：一是热采，主要指蒸汽吞吐和蒸汽驱，由于稠油的黏滞性对温度十分敏感，随着温度的升高，原油黏度大幅度下降，所以，热采已成为国内外开采稠油的主要方法。二是常规注水、注气、水平井开采、微生物采油、表面活性剂驱和"冷采"等其他方式。但热力采油仍是稠油开采的主要技术手段。目前，蒸汽吞吐、蒸汽驱、稠油冷采、蒸汽辅助重力泄油、火烧油层是世界上5种成熟的稠油开采开发技术。稠油开发的新兴技术还包括溶剂萃取、水平井跟趾端注空气火烧、水平井开采和井下蒸汽发生器等新技术[6]。

胜利油田稠油开发技术发展致可以分为四个阶段（图1-4）[7]。

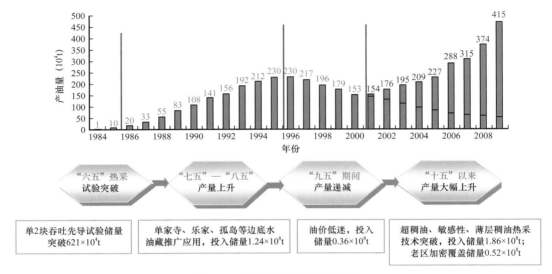

图1-4　胜利油田稠油开发历程

第一阶段为试验突破期（"六五"）。胜利油田稠油热采技术攻关始于1983年，在单家寺油田单2块开展的边底水厚层砂岩特稠油油藏蒸汽吞吐先导试验获得成功后，以蒸汽吞吐为主的热采技术在不同类型油藏进行了大规模推广应用。

第二阶段为产量上升期（"七五"—"八五"）。在此期间，在孤岛稠油环、孤东等油田的薄层砂岩稠油油藏，攻关配套了普通稠油热采开发技术，在草南、草20等稠油区块攻关配套了薄层砂砾岩特稠油油藏热采技术、水平井蒸汽吞吐技术，到1995年，热采年产油达到230×10^4t。

第三阶段为产量递减期（"九五"）。在此期间，由于优质稠油资源不足，国际油价下降，主力稠油油藏含水高的不利形势，2000年产油量下降到154×10^4t，期间配套形成稠油综合调整提高采收率技术。

第四阶段为产量大幅上升期（"十五"至今）。"十五"以来由于技术进步并且伴随着国际油价的上升，产量大幅度回升，到2011年，胜利油田稠油热采已达到462×10^4t/a的规模。

针对稠油资源接替形势及面临的问题，在稠油老区转变开发思路，进一步扩大热采开发技术应用规模，实现四个转变：一是针对水驱普通稠油油水黏度比大、注水波及体积小、采收率低的状况，开展低效水驱普通稠油转热采；二是针对稠油热采井距大、加热半径小、井间剩余油富集、吞吐采收率低的矛盾，在数值模拟研究剩余油、钻密闭取心井检验基础上，实施整体加密，取得好的效果；三是针对吞吐采收率低，根据胜利油田稠油特点，开展典型区块蒸汽驱，针对胜利油田稠油油藏埋深大，蒸汽驱热水带宽，采收率低难题，在一些区块实施化学蒸汽驱试验，见到好的试验效果；四是针对底水稠油直井开发油稠、底水锥进、采收率低难题，实施水平井整体加密调整热采提高采收率[8]。

第三节　难采稠油热／化学复合开发技术

稠油注蒸汽热采技术主要包括蒸汽吞吐、蒸汽驱和蒸汽辅助重力泄油（SAGD）技术[9]。我国采用蒸汽吞吐方式开发的稠油约占稠油热采总产量的85%，随着吞吐轮次增加，油汽比降低，开发效果变差，约50%稠油储量的吞吐采收率不足20%，必须转换开发方式以提高采收率。与国外稠油资源相比，我国稠油受埋深和储层条件的限制，蒸汽吞吐后转蒸汽驱或SAGD受到制约。

我国新发现的稠油资源，储量低品位和原油劣质化趋势明显，主要是以深层、高黏度超稠油、薄储层、强水敏及强边底水为主要特征的稠油油藏。这类油藏采用常规注蒸汽热采开发面临诸多挑战。大量矿场实践已证明，这些低品位稠油采用常规注蒸汽热采技术无法有效开发。为了实现难采稠油的有效开发，需要创新发展稠油热采的升级换代技术。

为了解决难采稠油有效开发和提高采收率的问题，国内外学者尝试了向蒸汽中添加多种助剂和气体的技术方法，并已经开展了大量的室内研究和矿场试验[10-11]，这种化学剂＋非凝析气辅助注蒸汽的复合方式，有望成为难采稠油的升级换代技术。改变传统单一注蒸汽热力开采稠油方法，以注蒸汽热力为基础，复合气体和化学剂的稠油开采方法与技术，称为难采稠油热／化学复合开发技术。胜利油田加强稠油开发新技术攻关，进一步拓展了热采开发技术的适应性，实现四个突破。

一是针对特超稠油（黏度大于$10 \times 10^4 mPa \cdot s$）直井注汽压力高、产能低、经济效益差难题，研究提出特超稠油"水平井＋降黏剂＋二氧化碳＋蒸汽"开发方法，成功研制了亚临界蒸汽发生器，将注汽压力由17MPa提高到21MPa，同时攻关配套了以伴蒸汽化学降黏、精密滤砂管为主的水平井防砂工艺等技术，利用该技术共动用特超稠油储量$5718 \times 10^4 t$，累计增产原油$193.6 \times 10^4 t$，实现了胜利油田深度达到2000m，黏度$(10 \sim 50) \times 10^4 mPa \cdot s$的特超稠油高效动用。

二是针对胜利油田新发现新疆春风油田浅层超稠油，由于埋藏深度浅，地层压力低，生产压差小，研究了"水平井＋降黏剂＋氮气＋蒸汽"开发方法，其中排601块，已投产52口，平均峰值油量33t/d，累计产油$18.37 \times 10^4 t$，平均日产油10t，为胜利油田西部浅层超稠油大规模开发提供技术支撑。

三是建立了以水平井为主的多井型组合开发模式，实现薄层稠油高效开发。针对不同的薄层油藏开发，优选了以水平井为主体的8种多井型组合井网形式应用于薄层稠油油藏的开发实践，其中普通稠油油藏的动用厚度界限也由原来的6m降低到2.4m，提高了多薄层稠油油藏的储量动用率，在胜利油田陈 373 等区块广泛应用，动用 2.5～6m 薄层边际稠油地质储量 $0.75×10^8t$，新建年生产能力 $64.92×10^4t$，累计产油 $71.4×10^4t$。

四是研究了黏土矿物热转化及防膨机理，提出了"近热远防"强水敏稠油油藏开发对策。研究发现高温蒸汽作用下蒙脱石向伊利石等非膨胀性矿物转化，大量转化的临界温度为 200℃，在 300℃下转化率达到 78%。建立了强水敏油藏储层热采变化模式，基于黏土矿物热转化及防膨机理，提出了"近热远防"的注蒸汽热采开发策略，实现该类油藏高效开发。在胜利油田王庄、金家等油田推广应用，动用地质储量 $0.48×10^8t$，累计产油 $262.5×10^4t$，增加可采储量 $931×10^4t$。

从经济角度看难采稠油油藏的开发成本较高，这也符合客观规律。开采难度越大，其开发成本越高。在"九五"期间，油价低迷，受开采成本限制，放缓了稠油开发的步伐，产量出现下降。2000 年以来，随着油价一路上升，最高达到 140 多美元 /bbl。随即迎来了难采稠油开发的上产期，通过各种开发技术的发展使得各类边际油藏得到动用。但随着近期油价再次进入低迷状态，势必会影响难采稠油开发的整体进程。但随着未来技术的创新和发展，势必会朝着低成本，高效益且环保的趋势发展。

参 考 文 献

[1] Meyer R F, Attanasi E D, Freeman P A. Heavy Oil and Natural Bitumen Resources in Geological Basins of the World [R]. Open File–Report 2007–1084, U.S. Geological Survey. 2007.

[2] Resource Assessment. Acta Geologica Sinica（English Edition）[J]. 2019, 93（1）: 199–212.

[3] 贾承造. 油砂资源状况与储量评估方法 [M]. 北京: 石油工业出版社, 2006.

[4] 陈凤君, 黄春兰, 张彪. 改善稠油热采高周期吞吐开发效果技术对策 [J]. 石油天然气学报, 2009, 31（3）: 277–278.

[5] 王旭. 辽河油区稠油开采技术及下步技术攻关方向探讨 [J]. 石油勘探与开发, 2006, 33（4）: 484–490.

[6] 刘慧卿. 热力采油原理与设计 [M]. 北京: 石油工业出版社, 2013.

[7] 霍广荣, 李献民, 张广卿. 胜利油田稠油油藏热力开采技术 [M]. 北京: 石油工业出版社, 1999.

[8] 侯健, 孙建芳, 杜殿发, 等. 热力采油技术 [J]. 东营: 中国石油大学出版社, 2013.

[9] Dong X, Liu H, Chen Z, et al. Enhanced Oil Recovery Techniques for Heavy Oil and Oilsands Reservoirs after Steam Injection [J]. Applied Energy, 2019, 239: 1190–1211.

[10] Alvarado V, Manrique E. Enhanced Oil Recovery: An Update Review [J]. Energies, 2010, 3: 1529–1575.

[11] 李兆敏, 鹿腾, 陶磊, 等. 超稠油水平井 CO_2 与降黏剂辅助蒸汽吞吐技术 [J]. 石油勘探与开发, 2011, 38（5）: 600–605.

第二章　难采稠油渗流机理

与常规稀油相比，稠油组分更加复杂，大量的胶质、沥青质导致稠油原油黏度大，并表现出非牛顿的流变特性，其中超稠油的非牛顿特性尤为显著。稠油特征也直接影响其渗流特征，表现为更为复杂的渗流机理[1]。本章对稠油物性及难采稠油油藏的主要渗流机理进行了详细阐述。

第一节　稠油的物理性质

一、稠油组分特征

与常规稀油和稠油相比，特超稠油属于重质油的范畴，其组分特征也更加复杂。按照化学元素分析，稠油主要由碳、氢、硫、氮、氧五种元素所组成，此外，还含有微量的镍、钒、铁、铜等金属元素。实验证明，重质油的碳含量一般在83%～87%之间，氢含量一般在10%～12%之间[2]。从稠油加工的角度看，氢碳原子数比是与其加工性能相关联的重要参数。国内外一些重质油的氢碳原子数比范围在1.4～1.7。杂原子主要是硫、氮、氧，就世界范围而言，其中一般以硫元素含量最高。油的硫含量范围为0.15%～5.5%，含量跨度很大；而氮含量的差别较小，为0.3%～1.4%。石油中存在多种微量金属，这些金属元素对石油组分的结构性质尤其是沥青质的结构性质有重要影响，有些金属的存在会对石油加工产生不利影响，如铁、镍、钒会使催化剂中毒，钴会影响油品的安定性[3]。因此，测定油品中铁、钴、镍、钒的含量具有重要意义。研究表明，我国原油微量金属元素中镍含量较高，一般每克原油中镍含量几十微克，每克原油中钒含量只有几微克，镍含量高钒含量低是我国绝大多数重质原油的特点之一；除镍、钒、铁、铜外，微量金属元素还有钙和钠，据朱玉霞等研究，钙含量高也是我国原油的特点之一[4]。

研究重质油化学的结构一般都是遵循平均结构的思路，即认为重质油每个组分是由一种结构相同的分子组成，平均分子又是由若干单元结构所构成，平均结构参数即用来表征这些单元结构。通常分离出饱和分、芳香分、胶质、沥青质等四个组分。不同级别稠油的各个组分所占比例见表2-1。不同稠油的组分含量各不相同。在普通稠油、特稠油、超稠油和特超稠油这四类稠油中，普通稠油的饱和分和芳香分含量最高（分别为35.19%和31.91%），胶质和沥青质含量最低（分别为26.11%和6.79%）；特超稠油的饱和分含量最低（最低可达17.63%），沥青质含量最高（均大于10%，最高可达13.89%）。

表 2-1　稠油样品组分组成

样品	50℃黏度（mPa·s）	80℃黏度（mPa·s）	分类	饱和分质量分数（%）	芳香分质量分数（%）	胶质质量分数（%）	沥青质质量分数（%）
GD 排 13-10	2303	295	普通稠油	35.19	31.91	26.11	6.79
56-16-10	30054	1844	特稠油	24.58	29.31	36.56	9.56
郑 411-P4	89317	8146	超稠油	26.31	26.84	36.89	9.95
郑 411-P9	1.091×10^5	8592	特超稠油	24.33	23.42	41.96	10.29
坨 826-P4	1.451×10^5	20283	特超稠油	21.16	27.15	37.80	13.89
坨 826-P2	5.527×10^5	37267	特超稠油	22.45	27.87	39.35	10.34
郑 411-P8	7.081×10^5	34343	特超稠油	20.55	23.81	45.63	10.01
坨 826-P1	1.321×10^6	46990	特超稠油	17.63	24.59	46.18	11.60

二、稠油黏度特性

1. 温度对稠油黏度的影响

黏度是反映流体在流动过程中内摩擦阻力的大小，原油的黏度直接影响它在井筒的流动和地下的渗流能力，所以原油黏度是反映原油的流动性能的重要参数之一[5]。原油的黏度与其组分密切相关，通常原油含胶质、沥青质越多，其密度越大，黏度越高，并且原油的黏度对原油的流变性有很大的影响。

稠油黏度对温度有很强的敏感性，随着温度升高，稠油黏度降低，如图 2-1 所示。根据流变曲线绘制黏温关系，当温度降到某一值后，原油黏度急剧增大，该点通常称为反常点。该反常点在半对数坐标图中体现为两条拟合直线的交点，如图 2-2 所示。

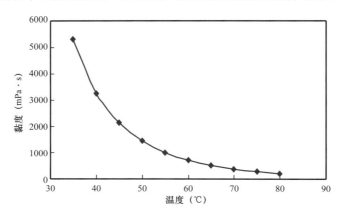

图 2-1　渤 21Ng4-12 原油黏度随温度变化关系曲线

不同原油黏度与黏温关系反常点、临界温度关系见表 2-2，由表可以看出，不同油样的原油性质差别较大。随着原油黏度增大，转化为牛顿流体的临界温度升高，如图 2-3 所示。

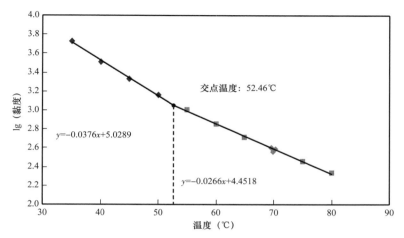

图 2-2 渤 21Ng4-12 原油黏度与温度半对数关系曲线

表 2-2 10 个油样实验结果对比

油样来源	50℃时黏度（mPa·s）	稠油类型	临界温度（℃）	反常点温度（℃）
渤 21Ng4-12	1451.2	普通稠油Ⅱ	55	52.46
孤东九区 5-11	3756.4	普通稠油Ⅱ	55	58.88
孤岛中二北 3—更 535	5792.9	普通稠油Ⅱ	60	57.85
垦东 52-134 井	6117	普通稠油Ⅱ	62	65.12
垦东 5-17 井	7324.5	普通稠油Ⅱ	62	64.75
面 120 平 1 井	3091.5	普通稠油Ⅱ	58	58.77
中 22-x612 井	1024.3	普通稠油Ⅱ	55	58.47
中 34-x513 井	1623.6	普通稠油Ⅱ	60	55.45
草古 102-37	35614	特稠油	90	73.06
单 56-11-5	56255	超稠油	90	74.36

牛顿流体转化临界温度与 50℃地面脱气原油黏度存在以下关系：

$$T_{nr} = 19.56\mu_o^{0.1336} \tag{2-1}$$

式中 T_{nr}——流变仪中转化为牛顿流体温度，℃；

μ_o——50℃地面脱气原油黏度，mPa·s。

原油黏温关系可以用 Walther 方程描述：

$$\lg\left[\lg(v+0.8)\right] = -m\lg T + c \tag{2-2}$$

式中 v——运动黏度，cSt；

m——系数；

T——绝对温度，K；

c——常数。

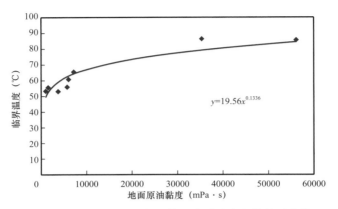

图 2-3 稠油转化为牛顿流体温度随黏度变化关系曲线

由式（2-2），原油黏度与温度之间呈线性关系，直线斜率的绝对值可以很好地描述原油黏温关系敏感程度。黏温关系敏感程度与组分有一定的相关关系，但组分对其影响不大。总体上看，烷烃含量增加，黏温关系敏感程度增加；芳香烃、非烃和沥青质含量增加，黏温关系敏感程度降低。

图 2-4 是胜利油田几个典型区块原油黏温曲线与国内外其他油田原油黏温曲线对比图，相同温度下胜利油田原油黏度远高于国外稠油油田，但黏温曲线的斜率与其基本相当，表明胜利油田稠油黏温关系比较敏感。

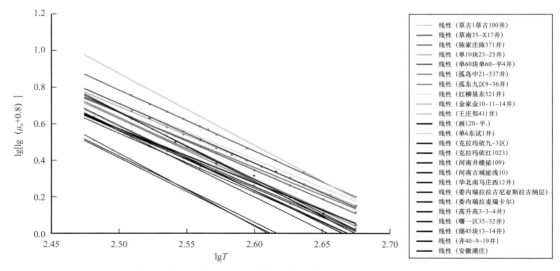

图 2-4 胜利油田稠油不同区块原油黏温曲线与国内外油田原油黏温曲线对比图

相对于普通稠油，特超稠油具有更高的临界温度和反常点。在开发过程中对于特超稠油的动用需要更高的蒸汽温度、干度，还有较好的保温效果。这也增加了特超稠油开采的难度。

2. 组分对稠油黏度的影响

原油黏度与其组分有密切关系[6]。据胜利油区 95 个原油组分与 50℃地面脱气原油黏度相关分析认识，原油组分对黏度有明显的影响。随着烷烃、芳香烃含量的增加，原油黏度降低，随着非烃、沥青质含量的增加，原油黏度升高，图 2-5 显示的是地面脱气原油黏度与烷烃含量关系，原油黏度与烷烃含量存在负相关关系。

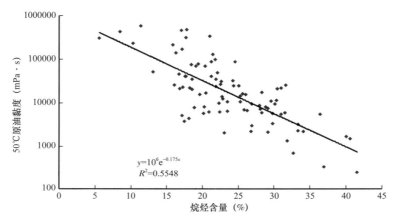

图 2-5　50℃地面脱气原油黏度与烷烃含量关系曲线

根据胜利油田样品数据，采用多因素分析方法进行分析。可以利用以下回归模型对实测数据进行回归。

$$\lg \mu_o = A + B_1 f_{al} + B_2 f_{ar} + B_3 f_{nh} + B_4 f_{as} \tag{2-3}$$

式中　μ_o——50℃地面脱气原油黏度，mPa·s；

　　　f_{al}——烷烃含量；

　　　f_{ar}——芳烃含量；

　　　f_{nh}——非烃含量；

　　　f_{as}——沥青质含量；

　　　A_1、B_1、B_2、B_3、B_4——线性回归系数。

用上述方法回归方程如下：

$$\lg \mu_o = 5.2931 - 6.1501 f_{al} - 4.3524 f_{ar} + 3.9415 f_{nh} + 3.0197 f_{as} \tag{2-4}$$

反映相关关系的几个主要参数中，回归方程的复相关系数为 0.8464，决定系数为 0.7163，校正决定系数为 0.7037，标准误差为 0.3896，表明回归结果比较可靠。根据回归方程的斜率可以看出，各组分对原油黏度影响大小的先后顺序为烷烃、芳香烃、非烃、沥青质。其中，随着烷烃、芳香烃含量的增加，原油黏度降低；随着非烃、沥青质含量的增加，原油黏度升高。

结合回归方程的斜率和各组分的分布区间，四种组分对原油黏度的总体影响大小依次是烷烃、非烃、沥青质、芳香烃。其主要原因是胜利油区原油芳香烃的含量相对稳定，其含量变化区间相对较小（表2-3）。

表2-3　组分对原油黏度的影响对比表

组分	回归系数	分布区间			总影响大小	影响排序
		下限	上限	大小		
烷烃	−6.1501	0.0559	0.4312	0.3753	−2.3081	1
芳香烃	−4.3524	0.1486	0.3808	0.2322	−1.0106	4
非烃	3.9415	0.1492	0.4409	0.2917	1.1497	2
沥青质	3.0197	0	0.3492	0.3492	1.0545	3

3. 微量元素对稠油黏度的影响

胜利油田稠油组成与国外稠油相差较大，胶质、沥青质含量一般低于国外稠油，而相同温度下原油黏度高于国外稠油，这不仅与组分相关，还与其所含微量金属元素、杂原子有关。过渡金属元素 Ni 和杂原子 N 的含量高是胜利油田稠油胶质、沥青质含量低于国外稠油，但相同温度下原油黏度却高于国外稠油的主要原因（表2-4）。

表2-4　胜利油田稠油与国外稠油物化组成对比表

物化组成	胜利油田稠油	国外稠油
胶质（均值）	29.13%	34.54%
沥青质含量（均值）	9.78%	12.90%
含氮	0.50%	0.35%
含硫	<1%	>3%
镍钒质量比	>10（陆相）	<1（海相）

影响稠油黏度高低的化学组成/结构是：杂原子、过渡金属含量和位置，烷基侧链含量、长度和支化度、芳核含量及构型（渺位或迫位）。稠油的高黏度特性是稠油分子结构体系中杂原子、过渡金属、芳环和烷基侧链在一定范围和程度物理/化学作用的反映。不同的黏度特性归根到底是由杂原子、过渡金属、芳环结构和烷基侧链数量和位置所决定的，是稠油化学组成和结构特性的最直接反映。物理结构是影响沥青质聚沉分相的重要外部因素，而化学组成/结构是影响沥青质聚沉分相的决定性的内在因素。由于杂原子、过渡金属主要集中于沥青质和胶质，因此将主要考虑稠油中沥青质和胶质分子结构给稠油黏度带来的影响。表2-5列出了稠油主要元素组成对黏度影响的灰熵结果。表2-6为稠油中各主要官能团相对含量对黏度影响。数据显示碱金属、碱土金属及铝等非过渡金

属离子虽然含量较高，但主要以羧酸盐类和胶态矿物等形式存在，与杂原子、过渡金属相比，所起的增黏作用相对较弱。

表 2–5 稠油元素对黏度影响分析

井号	样品黏度（mPa·s, 50℃）	C（%）	H（%）	N（%）	S（%）	P（%）	V（μg/g）	Ni（μg/g）
单 130	72000	86.107	10.883	1.011	1.835	0.0141	2.311	3.14
单 6–14–40	66600	86.262	11.01	0.981	1.444	0.0033	2.983	3. 2
单 6–12–40	26100	86.005	10.879	1.011	1.387	0.0037	0.56	1.71
单 6–12–18	9200	87.498	10.913	1.09	1.678	0.002	0.805	1.121
单 10–23–7	8800	86.069	11.106	0.976	1.862	0.0022	1.292	1.449
单 14–18	4600	86.31	11.554	0.915	1.602	0.0056	1.015	2.473
灰熵关联度		0.5434	0.543	0.5438	0.5398	0.5396	0.5467	0.5298

表 2–6 稠油中各主要官能团相对含量对黏度的影响分析

样品	黏度（mPa·s, 50℃）	W（族组成）（%）					
		C—H	C=O	Ar	CH_2	CH_3	$(CH_2)_n$
单 130	72000	0.963	0.0134	0.0358	0.195	0.0822	0.0078
单 6–14–40	66600	0.959	0.0165	0.0294	0.202	0.0856	0.0102
单 6–12–40	26100	0.964	0.0146	0.0284	0.197	0.0876	0.0097
单 2–2–10	16300	0.959	0.0184	0.0354	0.194	0.0813	0.0082
单 6–12–18	9200	0.96	0.0177	0.0303	0.197	0.0827	0.0082
单 10–23–7	8800	0.965	0.0203	0.0307	0.188	0.0787	0.0078
单 14–18	4600	0.968	0.0071	0.0223	0.222	0.0701	0.00135
灰熵关联度		1.0758	1.0726	1.0761	1.0751	10.778	0.0732

表 2–5 的数据结果显示除 C 和 H 元素对黏度有重要影响外，N 等杂元素和 Ni 等过渡金属元素对稠油黏度也有显著影响。1994 年晏得福在所提出的沥青质新结构模型中指出沥青质大分子结构的逐渐形成与杂元素、过渡元素和芳香结构有密切关系[7]。而 Juyal P 等也指出含 N、S 的结构在沥青质分子间的缔合过程中扮演了重要角色。拥有孤对电子的杂元素在稠油中主要以吡咯噻吩等结构存在，而过渡金属元素通过提供空轨道、络合到配位体或配位基上。碱金属、碱土金属及 Al 等非过渡金属离子虽然含量较高，但主要以

羧酸盐类和胶态矿物等形式存在，对黏度影响较小或没有影响[8]。

沥青质分子中的稠环芳香平面共轭键体系所产生的 π—π 作用力导致了芳核片间叠合，即胶束化。而沥青质稠环体系含有的杂原子、噻吩、吡咯等杂环会对导致芳核片间叠合的 π—π 作用有贡献，芳香度越高，杂原子和杂环越多，越容易引起沥青质胶束化；同时 N 等杂原子会导致沥青质分子局部电荷不平衡，产生永久偶极子，在偶极相互作用下沥青质分子之间会发生相互缔合，更重要的是沥青质分子单元中有许多含有醇、吡咯、吡啶等能产生氢键的官能团。刘东用原位红外光谱法定量测定了不同沥青质的氢键强度与自身缔合状况的关系，证明氢键作用对沥青质分子胶粒间缔合作用的贡献显著大于 π—π 作用、极性诱导等作用，说明氢键作用在沥青质分子胶粒缔合中占主导作用，李生华也证明了这一结论[9]。

一般认为沥青质分子中的基本结构单元是缩合的稠环芳香烃片层，环上以及环与环之间连接有丰富的甲基、短脂肪链和环烷烃的取代基，且分子中含有 N，O，S 等杂原子以及 V，Ni 等金属离子，构成了沥青质分子在油藏体系中的三维空间构型。而 N，S 和 Ni 等在沥青质分子缔合过程中扮演了重要角色。与沥青质相比，胶质分子缩合稠环芳香烃的数量和大小减少，分子之间键合的可能性变小，键合能量远不及胶质—沥青质和沥青质—沥青质相互作用力。

根据表 2-6 结果，除芳香结构对黏度影响大外，碳氢键等烷基结构对黏度也有一定影响。除芳香烃和烷烃外，沥青质和胶质分子中也含有芳香结构和烷基结构。沥青质和胶质分子结构模型是以稠合芳环为骨架，周围连接有链烷烃和环烷烃这样的烷基侧链，且芳核体系之间由烷基链或杂原子等桥键连接。Murgich J. 等认为芳核周围的烷基侧链使沥青胶束形成复杂的空间三维结构，制约着沥青质胶束的发展。而沥青质分子之间相邻的烷基和环烷侧链也妨碍氢键的形成。而相对较小的胶质分子受烷基链立体阻碍作用较小，很容易与沥青质分子缔合。而芳香烃则为沥青质/胶质复合胶束在烷烃中的有效"分散"提供过渡形式和潜在保护作用[11]。Buenrostro 和 Gonzalez E. 等对科威特等四种减压渣油沥青质及印度尼西亚烟煤沥青质化学结构进行比较研究认为，缩合芳环系统和烷基系统决定了沥青质的主要性能，缩合芳环系统通过 π—π 键作用缔合造成分子堆积，降低了沥青质在原油中的溶解性能，烷基系统在空间结构上能阻碍分子堆积，提高沥青质溶解性能[11]。Fenistein D. 等通过小角度 X 射线散射（SAXS）对沥青质结构的分析提出了沥青质属于 RLCA 模式，即在沥青质内部存在着芳香片之间的吸引力和烷基侧链引起的排斥力[12]。实际上，这在一定程度上表明了芳香结构和烷基侧链对稠油黏度的影响。

在沥青质的宏观结构中，导致沥青质分子缔合的 π—π 相互作用即源于 π 供体和 π 受体之间的电荷转移作用。而沥青质分子中的 N，S 等杂原子由于以杂环和电负性取代基的结构形式存在，这些结构在高电负性杂原子的影响下会加强缩合稠芳环共轭 π 体系的电荷转移作用，同时造成沥青质分子局部电子分布不均而引发偶极作用，这种电负性作用增加了芳核片间的迭积程度。而含有杂原子的羧酸类、醇类、吡咯类及吡啶类等结构单元、芳香环系以及含 S 结构能在沥青质分子间形成氢键，而氢键作用在沥青质分子缔合中占主导作用。可以认为，高电负性的杂原子的存在干扰了沥青质缩合稠芳环的电子分布，其位置、含量和缩合稠芳环含量及构型是沥青质分子缔合的关键原因。

稠油中 Ni 等过渡金属有相当一部分会以金属卟啉的形式存在。而金属卟啉是 P 电子共轭体系，和沥青质分子之间可以发生 π—π 相互作用，强烈缔合形成宏观结构/胶粒。含有外层空轨道的过渡金属会与具有孤对电子的杂原子配位形成以过渡金属离子为交联点的混杂四配位基向心配合体，形成稳定的分子聚集体。此外在沥青质生成过程中，由于 N 等杂原子会阻碍苯环结构的完全芳构化，在苯环网结构的边缘会出现沟、洞等缺陷中心，过渡金属也会和这些缺陷中心引申出来的配位基配位。过渡金属的这些配位作用都会促进沥青质大分子结构的形成。

沥青质分子缩合芳核骨架周围的烷基、环烷侧链等支链结构可能发生卷曲、盘绕，形成复杂的三维空间构型制约着沥青质胶束的发展。缩合稠芳环结构及结构上含有的杂原子、过渡金属造成芳环平面迭积，烷基和环烷侧链因卷曲、盘绕在空间结构上阻碍芳环平面迭积和在缩合芳环结构上极性基团之间氢键的形成，但较短的侧链（如 CH_3）却能增加芳环平面之间的相互作用。此外，芳香环系之间杂原子和亚甲基桥键的出现，沥青质分子可以绕这些连接桥键进行旋转和折叠，平面芳香结构绕桥键旋转和折叠所带来的非平面空间障碍，也间接对沥青质分子缔合迭积造成影响。这种在沥青质分子内部存在的吸引力和阻碍力决定了沥青质分子缔合的程度。相对而言，分子量和芳香度较低的胶质分子受烷基、环烷侧链立体阻碍作用不如沥青质分子大，在范德华力和氢键力等作用下容易与沥青质分子缔合，起到溶胶剂的作用。概括而言，沥青质的聚沉分相不仅与胶体分散体系的分散相和分散介质的浓度比有关，而且与沥青质和胶质的分子结构有关，胶质和芳香烃对沥青质的胶溶能力越强，沥青质越不易聚沉分相。沥青质分子中杂原子和过渡金属是引发稠环芳烃分子单元缔合的关键因素，杂原子和过渡金属含量越多，芳香环系结构越大，沥青质分子越易发生缔合。针对稠油中以沥青质为主体的重组分，为有效降低稠油黏度，首先应降低沥青质分子内及分子间的极性相互作用和配位相互作用，考虑到沥青质分子芳核体系之间由脂肪性支链或杂原子连接，根据 C—S 键能小于 C—C 键等键能，与氮杂环相连的烷基 C—C 键易于断裂的化学键理论，有效地将 S 桥键和氮杂环相连的烷基 C—C 键进行一定程度的断裂，这样使沥青质分子骨架在三维空间更加松散、扩展，从而有利于降黏作用的进行。

通过原油组成对黏度影响的灰色关联分析表明，原油组成对其黏度影响的重要程度顺序为：镍＞钒＝胶质＝残碳＝沥青质＞氮＞硫＞石蜡。

三、稠油流变特性

原油的流变性取决于原油的组成，即取决于原油中溶解气、液体和固体物质的含量，以及固体物质的分散程度。根据其分散程度，原油属于胶体体系，固体物质（蜡晶、沥青质为核心的胶团）构成了这个体系的分散相，而分散介质则是液态烃和溶解于其中的天然气。当原油中固体分散相的浓度很大时，具有明显的胶体溶液性质，并表现出复杂的非牛顿流体流变性质，超稠油的非牛顿流体特性尤为明显。

图 2-6 是胜利油田超稠油在不同温度下的流变曲线，由图可以看出，在不同的温度

范围内，原油流变曲线的变化幅度也不一样，说明稠油在不同的温度范围内对温度的敏感性也有所区别。

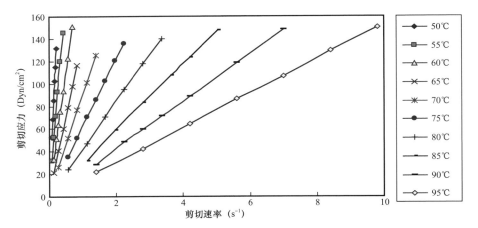

图 2-6　胜利油田超稠油在不同温度下流变曲线

对应于不同温度下的流变曲线图，表 2-7 为不同温度条件下超稠油的流变方程。从表中不同温度条件下的流变性方程参数看出，随着温度的升高，线性方程截距和斜率减小。截距减小至零的对应温度为临界温度，以胜利油田 56-11-5 井原油为代表的超稠油和草古 102-37 井原油为代表的特稠油在温度达到 90℃后转变为牛顿流体。以胜利油田渤 21Ng4-12 井原油为代表的普通稠油温度达到 90℃后转变为牛顿流体。

表 2-7　胜利油田超稠油在不同温度下的流变方程

温度（℃）	流变方程	相关系数
50	$\tau = 601.71 + 56255\gamma$	0.9987
55	$\tau = 503.72 + 33934\gamma$	0.9987
60	$\tau = 445.39 + 21061\gamma$	0.9998
65	$\tau = 303.33 + 13531\gamma$	0.9999
70	$\tau = 238 + 8807.1\gamma$	0.9998
75	$\tau = 180 + 6010.2\gamma$	0.9995
80	$\tau = 81.33 + 4159.2\gamma$	0.9998
85	$\tau = 24.71 + 2935.1\gamma$	0.9994
90	$\tau = 2115.7\gamma$	0.9998
95	$\tau = 1533\gamma$	0.9999

图 2-7 显示了三个级别的稠油不同温度条件下流变性方程的截距与温度的关系。流变方程的截距与温度存在很好的线性关系，直线与横坐标相交处为临界温度。从图中看出超稠油的屈服应力明显要高于其他类型的稠油，这是因为超稠油中胶质沥青质含量高

于特稠油，而特稠油又高于普通稠油，所以在相同的温度条件下，超稠油有较大的屈服值。

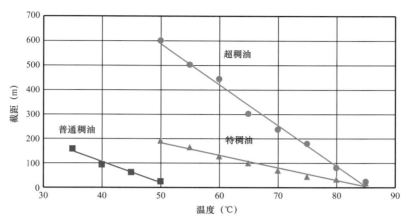

图 2-7 不同品质稠油在不同温度下流变方程截距与温度的关系

第二节 稠油非达西渗流机理

一、储层中稠油流变性特征

随着原油黏度增加，稠油在多孔介质中的渗流特征由拟塑型向膨胀型转变。其渗流形态描述为：

$$\tau = \tau_0 + k\dot{\gamma}^n \qquad (2-5)$$

式中 τ_0——屈服应力；

n——流变指数；

k——稠度系数。

多孔介质中，普通稠油，$n<1$，为拟塑型流体；特、超稠油，$n>1$，为膨胀型流体。表 2-8 为来自不同代表井的普通稠油、特稠油和超稠油原油参数。图 2-8、图 2-9 为不同原油通过岩心渗流时受到的剪切应力与剪切速率的关系。

表 2-8 三个油样实验结果对比

油样来源	50℃时黏度（mPa·s）	稠油类型	临界温度（℃）	反常点温度（℃）
渤 21Ng4-12	1451.2	普通稠油Ⅱ	55	52.46
草古 102-37	35614	特稠油	90	73.06
单 56-11-5	56255	超稠油	90	74.36

从不同油性原油在多孔介质中的流变特性看，多孔介质中原油的流变特性不再像流变仪测试时表现为具有一定屈服值的宾汉流体特性；在温度低于临界温度时，普通稠油的剪切应力与剪切速率的关系表现为不经过坐标原点的凹向剪切应力轴的幂律曲线，表现出具有一定屈服值的拟塑性流体的特性（图2-8）；特、超稠油的剪切应力与剪切速率的关系表现为不经过坐标原点的凹向剪切速率轴的幂律曲线，表现为具有一定屈服值的膨胀性流体的特性（图2-9）。从视黏度与剪切速率关系曲线上看（图2-10），温度越低，原油黏度越高，其视黏度随着剪切速率的增加而降低的趋势越明显。

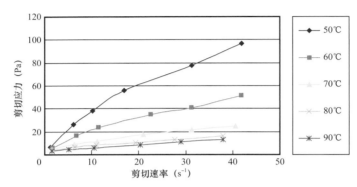

图 2-8　岩心条件下普通稠油剪切应力与剪切速率的关系

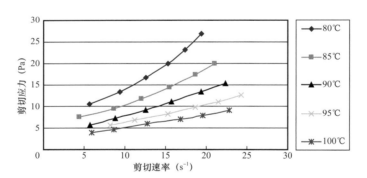

图 2-9　岩心条件下特、超稠油剪切应力与剪切速率的关系

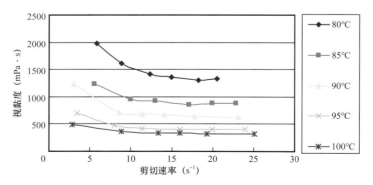

图 2-10　视黏度与剪切速率关系曲线

二、稠油单相渗流特征

由于稠油黏度高、分子极性强，稠油液固界面及液液界面的相互作用力大，其在多孔介质渗流阻力大，导致稠油的渗流规律不符合达西渗流定律。对于一个油藏，驱动压力梯度和启动压力梯度控制着原油的渗流，稠油油藏与低渗透油藏相似，为非达西渗流，低渗透油藏主要是渗透率低造成的，而稠油油藏除了储层物性外，主要由于稠油分子间界面力以及稠油与孔隙之间的黏滞力造成的，启动压力梯度是原油能否渗流的门槛值。稠油在多孔介质渗流时，只有当驱动压力梯度超过初始启动压力梯度非达西渗流特征显著时，稠油才开始流动。

稠油渗流过程中渗流速度与压力梯度呈现非线性渗流关系，在低温时，稠油在地下存在初始压力梯度，随着温度的提高，孔隙表面油膜厚度变小，有效流动半径增大，渗流能力得到提高，并且其初始压力梯度逐渐减小，在温度较高时，渗流速度与压力梯度呈线性关系，表现为达西渗流特征。

从稠油的渗流特征曲线看，普通稠油表现为拟塑性流体形态，其剪切速率与压力梯度为凹形曲线，曲线存在两个切线点，一个是 A 点，为初始启动压力梯度，克服该点流体开始流动，B 点为临界压力梯度，压力梯度大于该值，流体转换为牛顿流体（图 2-11）。特、超稠油表现为膨胀性流体形态，其剪切速率与压力梯度为凸形曲线，曲线存在两个切线点，一个是 A 点，为初始启动压力梯度，克服该点流体开始流动，B 点为临界压力梯度，压力梯度大于该值，流体转换为牛顿流体（图 2-12）。A、B 点也可以通过视黏度与压力梯度关系确定，A 点对应视黏度为 0 点，大于临界压力梯度 B 点，视黏度不再变化。对于稠油油田开发，研究初始启动压力梯度更具意义。

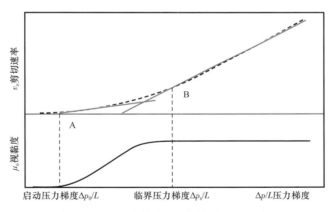

图 2-11 普通稠油启动压力梯度的确定

1. 稠油启动压力梯度影响因素

1）原油黏度的影响

启动压力梯度受固液界面相互作用控制，原油黏度越高，极性越强，黏滞力越大，启动压力梯度随着原油黏度的增加而增加（图 2-13）。

2）渗透率的影响

渗透率反映流体通过储层的能力，渗透率越大，毛细管压力越小，流动阻力越小，启动压力梯度越小。实验结果表明，随着多孔介质渗透率的增加，启动压力梯度下降（图 2-14）。

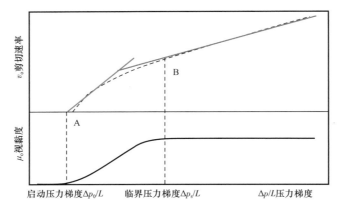

图 2-12　特、超稠油启动压力梯度确定

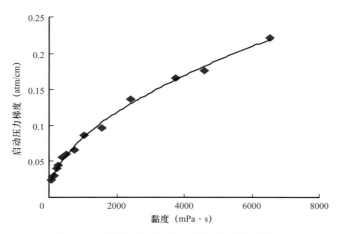

图 2-13　原油黏度与启动压力梯度关系曲线

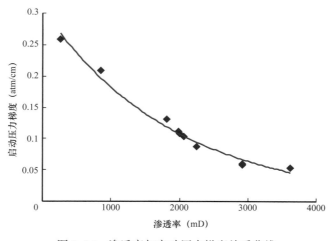

图 2-14　渗透率与启动压力梯度关系曲线

3）温度的影响

由于稠油黏度随着温度增加而下降，因此，在多孔介质条件下，随着温度的升高，启动压力梯度降低（图2-15）。

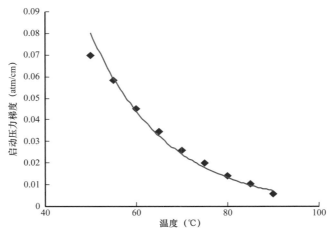

图2-15 温度与启动压力梯度关系曲线

4）原油组分的影响

从制约稠油黏度的因素分析看，稠油黏度大小主要受稠油中非烃（胶质）和沥青质含量影响，沥青质是稠油极性最强的组分，它的极性大小决定稠油分子极性，影响稠油液液和固液界面张力大小，从而影响稠油剪切应力，在稠油多孔介质渗流时，稠油剪切应力影响稠油启动压力梯度。稠油在多孔介质条件下具有剪切变稀的特性，其转变点可确定临界启动压力梯度，随着胶质和沥青质含量的增加，临界启动压力梯度是增加的（图2-16）。

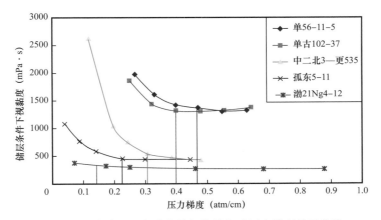

图2-16 胶质、沥青质含量与临界启动压力梯度关系曲线

2. 稠油启动压力梯度表征

对于这类渗流特征，有四种选择方法描述渗流过程。

第一种：曲线段用幂律关系来描述，其数学方程为：

$$
\begin{cases}
v = 0 & \left(\dfrac{\Delta p}{L} \leqslant a\right) \\[3mm]
v = \dfrac{K}{\mu}\left(\dfrac{\Delta p}{L} - a\right)^{n} & \left(b \geqslant \dfrac{\Delta p}{L} > a\right) \\[3mm]
v = \dfrac{K}{\mu}\dfrac{\Delta p}{L} & \left(\dfrac{\Delta p}{L} > b\right)
\end{cases}
\tag{2-6}
$$

式中　K——渗透率，mD；

　　　L——模型长度，cm；

　　　Δp——流动压差，MPa；

　　　$\dfrac{\Delta p}{L}$——压力梯度，MPa·cm^{-1}；

　　　v——渗流速度，cm/s；

　　　μ——流体黏度，mPa·s。

这种描述方法比较精确，既反映了渗流过程中的启动压力，也反映了低压力梯度时的渗流不稳定过程，还表达了较高压力梯度下稳定渗流过程。但是，它在数学处理上有较大困难且工程应用中计算繁琐。

第二种：将两种斜率的线性关系组合来描述渗流过程，其数学方程为：

$$
\begin{cases}
v = \left(\dfrac{K}{\mu}\right)_{1} \dfrac{\Delta p}{L} & \left(\dfrac{\Delta p}{L} \leqslant b\right) \\[3mm]
v = \left(\dfrac{K}{\mu}\right)_{2} \dfrac{\Delta p}{L} & \left(\dfrac{\Delta p}{L} > b\right)
\end{cases}
\tag{2-7}
$$

这种方法在某种程度上反映了在低压力梯度情况下的流度变化。同时，用两个线性段来处理，在数学计算上较简便。但是，它没有反映出渗流过程中的启动压力问题。同时，按该方法计算的经济技术指标会比实际值偏高。

第三种：用带启动压力梯度的线性律来描述渗流过程，其数学方程为：

$$
\begin{cases}
v = 0 & \left(\dfrac{\Delta p}{L} \leqslant c\right) \\[3mm]
v = \dfrac{K}{\mu}\left(\dfrac{\Delta p}{L} - c\right) & \left(\dfrac{\Delta p}{L} > c\right)
\end{cases}
\tag{2-8}
$$

该方法反映了稠油在地层中渗流的启动压力梯度问题。但是，该方法对于低压力梯度时阻力较小的大孔道中的流动估计值偏低，从而造成综合经济技术指标值偏低。

第四种：对整条曲线用幂指数方程回归，其数学方程为：

$$
v = \dfrac{K}{\mu}\left(\dfrac{\Delta p}{L}\right)^{n}
\tag{2-9}
$$

选取单 56-11-5 井实际原油，属超稠油，制作符合该井孔渗物性实验岩心，开展渗流实验，原油在五个温度下，通过岩心渗流时的速度与压力梯度的变化关系如图 2-17 所示，可以看出，在较小压力梯度时，渗流速度随压力梯度增加是缓慢增加的，渗流速度与压力梯度之间是一条凸向压力梯度轴的曲线关系，这表明在小压力梯度下会发生油的渗流。但是，这种情况下的渗流速度比保持达西定律条件下渗流速度要小得多，随压力梯度的增加，渗流速度也在增加。当压力梯度达到某一数值以后，渗流速度与压力梯度逐渐成线性关系，随着温度升高，曲线倾角增大。

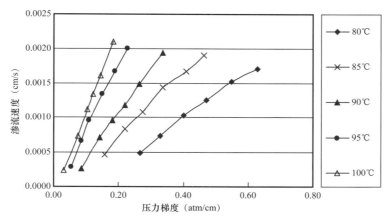

图 2-17　不同温度下压力梯度与渗流速度的关系

原油通过岩心渗流时的流度与压力梯度的变化关系，如图 2-18 所示，可以看出，在压力梯度较小时，在温度 90℃以下原油的流度很低。95℃时，在某一较窄的压力梯度（0.05～0.10atm/cm）范围内，油的流度随压力梯度的增加急剧增大，在压力梯度达到某一数值后，流度值趋于不变。

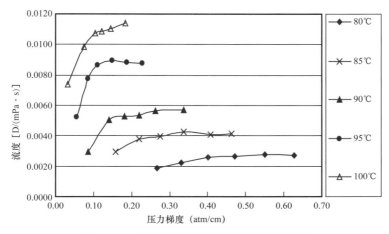

图 2-18　不同温度下压力梯度与流度的关系

对实验数据采用以上四种方法进行回归，见表 2-9。回归结果表明，当温度较低时，幂指数式和幂指数线性式相关系数较高，即反映了低压力梯度时渗流不稳定过程，还表达了在较高压力梯度下充分发展的稳定渗流过程。温度较高时，分段线性式相关系数最高，这主要是因为温度高时稠油的体系结构已经遭到破坏，渗流过程接近于拟线性流动。

表 2-9 单 56-11-5 井不同方法描述渗流曲线回归方程

油田	温度	模式	数学方程	相关系数
单家寺	80℃	启动压力梯度式	$y=0.0034x-0.0004$	0.9931
		幂指数式	$y=0.0036x^{1.4574}$	0.9835
		分段线性描述式	$y=0.004x-0.0006$	1
			$y=0.0029x-0.0001$	0.9878
		第一段幂函数式	$y=0.0055x^{1.8249}$	0.998
		第二段线性式	$y=0.0029x-0.0001$	0.9878
	85℃	启动压力梯度式	$y=0.0046x-0.0002$	0.9927
		幂函数式	$y=0.0054x^{1.2834}$	0.9839
		分段线性式	$y=0.0053x-0.0004$	0.9946
			$y=0.0038x+0.0001$	0.9948
		第一段幂函数式	$y=0.0081x^{1.5325}$	0.9898
		第二段线性式	$y=0.0038x+0.0001$	0.9948
	90℃	启动压力梯度式	$y=0.0066x-0.0003$	0.9963
		幂函数式	$y=0.0105x^{1.4599}$	0.9721
		分段线式	$y=0.0075x-0.0004$	0.9928
			$y=0.0064x-0.0002$	0.9984
		第一段幂函数式	$y=0.138x^{0.4636}$	0.9798
		第二段线性式	$y=0.0064x-0.0002$	0.9984
	95℃	启动压力梯度式	$y=0.0098x-0.0002$	0.9934
		幂函数式	$y=0.0162x^{1.341}$	0.9756
		分段线性式	$y=0.0121x-0.0004$	1
			$y=0.0085x+7\times10^{-5}$	1
		第一段幂函数式	$y=0.1776x^{0.4319}$	0.9944
		第二段线性式	$y=0.0085x+7\times10^{-5}$	1
	100℃	启动压力梯度式	$y=0.0122x-0.0002$	0.9997
		幂函数式	$y=0.0182x^{1.2523}$	0.9981
		分段线性式	$y=0.0121x-0.0002$	0.9988

续表

油田	温度	模式	数学方程	相关系数
单家寺	100℃	分段线性式	$y=0.0125x-0.0002$	0.9998
		第一段幂函数式	$y=0.055x^{0.2398}$	0.9993
		第二段线性式	$y=0.0125x-0.0002$	0.9998

3. 稠油启动压力梯度计算方法

室内实验研究表明，稠油启动压力梯度与储层物性、流体性质和温度有关，温度影响可以用黏度变化表征，因此，建立稠油启动压力梯度与流度之间的关系更加具有实用性，采用曲线外推方法计算启动压力梯度。

渗流速度与压力梯度之间不是所有曲线都是满足直线关系的，采用曲线方法对渗流速度与压力梯度进行回归，回归线与 x 轴的交点即为启动压力梯度，此时，对实验数据进行回归后，得到的流度与启动压力梯度见表 2-10。曲线进行回归，得到启动压力梯度下对应的流度，取对数作图如图 2-19 所示。

表 2-10 各个实验样品流度与压力梯度计算数据表

实验样品编号	实验温度（℃）	计算的流度［D/（mPa·s）］	计算的压力梯度（atm/cm）
渤 21	50	0.2388	0.2
	60	0.7356	0.0909
	70	1.5146	0.0368
	80	2.1979	0.0294
	90	3.7206	0.0044
孤东九区	50	0.6617	0.1875
	60	1.069	0.1176
	70	1.0896	0.0877
	80	2.3217	0.0274
	90	4.3299	0.0123
孤岛	50	0.419	0.4
	60	0.7358	0.2381
	70	0.8173	0.1591
	80	0.7576	0.1159
	90	1.0049	0.0964

续表

实验样品编号	实验温度（℃）	计算的流度［D/（mPa·s）］	计算的压力梯度（atm/cm）
单家寺	80	0.6241	0.1176
	85	1.3907	0.0435
	90	1.9869	0.0455
	95	3.0213	0.0204
	100	6.5401	0.0164
草古	90	0.389	0.0714
	85	—	0.0698
	90	2.0668	0.0536
	95	2.5945	0.0519
	100	1.7939	0.0463

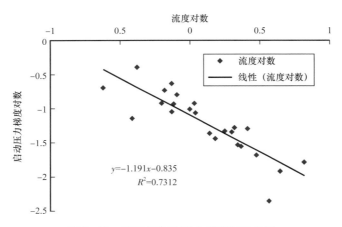

图 2-19　流度与启动压力梯度关系曲线

由图 2-19 可以得到流度与启动压力梯度关系式：

$$\lg\left(\frac{\Delta p_0}{L}\right) = -1.191 \times \lg\left(\frac{K}{\mu}\right) - 0.835 \qquad （2-10）$$

三、稠油两相渗流特征

利用实验手段分析不同温度下油、水两相相渗特征及渗流规律，选取郑 411 超稠油开展 90℃、100℃和 110℃两相渗流实验。实验参数见表 2-11。

对于非稳态法相对渗透率测试，采用 Pirson、Boatman 计算相对渗透率的公式：

$$K_{rw} = S_w^4 \times \left(\frac{S_w - S_{wi}}{1 - S_{wi}} \right)^{0.5} \qquad (2-11)$$

$$K_{ro} = \left(1 - \frac{S_w - S_{wi}}{1 - S_{wi} - S_{or}} \right)^2 \qquad (2-12)$$

表 2-11　郑 411 稠油两相渗流模型数据表

油样	模型长度（cm）	模型直径（cm）	实验温度点（℃）	实验流量（mL/min）	渗透率（D）	孔隙度	孔隙体积（mL）	含油体积（mL）	原始含油饱和度	束缚水饱和度
郑 411 稠油	22	4	90、100、110	1、1.5、2	6.25	0.3378	93.33	71.7	0.7667	0.2333

1. 两相渗流规律

1）相对渗透率变化规律

从相对渗透率曲线可以看出，等渗点很低，小于 0.1。随着含水饱和度的增加，油相的相对渗透率下降很快，水相的相对渗透率却上升的很缓慢。随着驱替速度的增加，油相相对渗透率下降相对变慢。而油相与水相相对渗透率的等渗点相对右移变大。

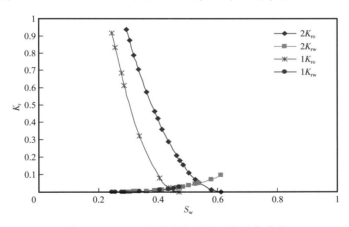

图 2-20　110℃超稠油水驱相对渗透率曲线

造成这种现象的主要原因是超稠油的黏度极高，油相首先沿着大孔道流动，小孔道中原油很难或者几乎不参加流动，这就使得水相在孔道中的流动困难，所以水相的相对渗透率上升的很缓慢，油相和水相的相对渗透率等渗点值很小。

随着驱替速度的增加，油相的相对渗透率下降变得平缓。这是因为随着驱替速度的增大，驱替压力梯度增大，这样就使得原来不能参加流动的油现在开始流动了，原来流动较慢的原油现在流动速度变大了。

可见，不同的驱替速度下（本实验模拟均质油藏），相对渗透率曲线是不同的，提高驱替压力梯度可以提高原油的相对渗透率值，从而提高采收率。

由于在油藏数值模拟中需要对渗透率与含水饱和度的关系进行详细描述[72]，因此研究两者之间的关系是必要的。这里对稠油的相渗曲线进行分析，回归油相、水相渗透率与含水饱和度的关系式，得到表2-12与表2-13。

表2-12　不同岩心相对渗透率与含水饱和度回归方程

岩样	回归方程	相关系数
郑411—平1（110℃）	$K_{rw} = 0.2092\left(\dfrac{S_w - S_{wi}}{1 - S_{wi}}\right)^{1.4777}$	0.9306
郑411—平1（110℃）	$K_{ro} = 0.9135\left(1 - \dfrac{S_w - S_{wi}}{1 - S_{wi} - S_{or}}\right)^{1.9274}$	0.9995
郑411—平2（110℃）	$K_{ro} = 0.8534\left(1 - \dfrac{S_w - S_{wi}}{1 - S_{wi} - S_{or}}\right)^{1.8091}$	0.9931
郑411—平2（110℃）	$K_{rw} = 0.2062\left(\dfrac{S_w - S_{wi}}{1 - S_{wi}}\right)^{1.0222}$	0.8645

表2-13　不同温度下相对渗透率与含水饱和度回归方程

岩样	温度	回归方程	相关系数
郑411—平1	110℃	$K_{ro} = 0.9681\left(1 - \dfrac{S_w - S_{wi}}{1 - S_{wi} - S_{or}}\right)^{2.08}$	0.9989
郑411—平1	100℃	$K_{ro} = 0.9993\left(1 - \dfrac{S_w - S_{wi}}{1 - S_{wi} - S_{or}}\right)^{2.2976}$	0.9888
郑411—平1	110℃	$K_{rw} = 0.1164\left(\dfrac{S_w - S_{wi}}{1 - S_{wi}}\right)^{0.8374}$	0.8305
郑411—平1	100℃	$K_{rw} = 0.1164\left(\dfrac{S_w - S_{wi}}{1 - S_{wi}}\right)^{0.8374}$	0.8305

2）出口端含水率变化规律

从图2-21中关系曲线可以看出，在水驱油过程中，一旦水突破，含水率将急剧增加。以110℃泵的驱替速度为2mL/min时含水率曲线特征为例分析，结果如下：含水饱和度从0.3增至0.4左右时，含水率从0迅速增加到80%左右，可见含水率上升很快。随着驱替速度的增加，含水饱和度明显增加，并且含水率上升变缓。

超稠油的黏度很高，在渗流过程中首先参与流动的是大孔道中的原油，中小孔道只有一部分参与流动甚至不流动。在水驱过程中，水一旦突破，水就首先沿大孔道流动，由于中小孔道大部分被原油所占据并且难于流动，从而使得水从大孔道流出，含水率上升很快。随着驱替速度的增加，驱替压力明显升高，毛细管力作用相对变小，毛细管数增加，原来不能流动的中小孔道中原油开始参与流动，含水饱和度上升，而含水率下降。

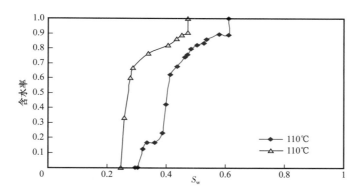

图 2-21　平均含水饱和度与含水率的关系曲线

3）驱替压力变化规律

由图 2-22 可以看出：从三条曲线的趋势上看规律大致相同，驱替压力随着时间的增加而急剧增加，并且很快达到一个最大值，然后驱替压力开始急剧下降，并趋于平缓，最后达到稳定状态。从三条曲线的具体情况来看又有不同，随着驱替速度的增加，驱替压力增加。

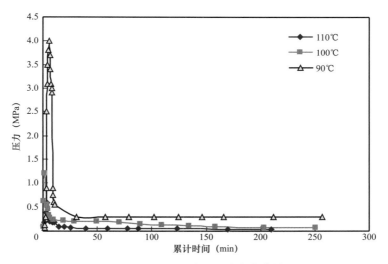

图 2-22　超稠油水驱压力变化曲线

这主要因为在驱替刚刚开始时，驱替前缘水并没有突破，注入的水多而产出的液量少，因此造成压力急剧上升。当达到一定压力后，出口端见水，水的前缘已经突破，产出液量迅速增加，在出口形成油水混合物。开始时油水混合物中含水率较低，因此原油的黏度呈上升趋势，当产出液中含水率达到一定数值时，原油的黏度达到最大值，相应的驱替压力达到最大值或压力达到最大值后，压力下降稍有变缓。当产出液中含水率超过这个数值时，产出液量迅速增加，压力急剧下降。最后，采出与注入体积相平衡，压力开始趋于平缓。随着驱替速度的增加，填砂管内进入的液体越多，而在水没有突破以前，产出液的增量却并不明显，驱替压力大量增加。但是，水突破以后产出和注入相平衡，因此压力没有明显的升高。

4）水驱驱油效率变化规律

从图 2-23 可以看到，开始时采收率上升很快，随着驱替的进一步进行采收率增加缓慢，最后趋向于平缓；随着驱替速度的增大，采收率也有提高。

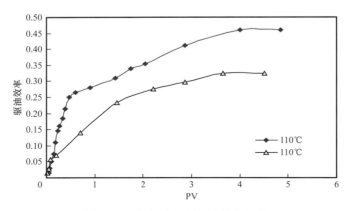

图 2-23　超稠油水驱驱油效率曲线

从相对渗透率曲线上也可以看出，在驱替的初始阶段，原油的相对渗透率很高，而水几乎不参与流动，所以开始时原油的采出程度很高。但是，随着驱替的进行，含水率逐渐升高，又由于含水率上升相当快，原油的相对渗透率下降很快，而水的相对渗透率提高，故原油的采收率增长相对变缓。但是，当原油含水率达到一定的数值后（90% 以上），含水上升相对较慢，而且能够维持相当长的时间。

实验中发现所做稠油的采收率比较高，可以接近 40%。分析原因是实验中水的驱替速度比较快，矿场很难达到如此高的驱替速度，因此使得实验的采收率比较高。从图 2-23 可以看到在驱替速度比较小的范围内增加驱替速度对采收率影响不大，当超过一定范围，驱替速度对采收率的影响相当大，这就是为什么有必要对稠油油藏保持一定的采油速度。

2. 温度对两相渗流特征影响

1）温度对驱油效率影响

从图 2-24 可以看到，在相同的注入体积下，随着温度的提高，其采出程度明显增大。因此对超稠油采用加热方式开采是很有必要的。这主要是由于黏度越高的原油可流动的孔道比较少，流动阻力大，因而在相同的注入速度与注入体积下采收率就比较低。

对比前面曲线，随着驱替速度的增加，驱替压力有所升高，采收率有所提高，因为原来不能够流动的原油在高压下也参与流动了。但是，由于超稠油最主要的影响因素是温度，所以驱替速度的提高对采收率的贡献率相对较小。因此，在超稠油油藏的开采过程中，应当在现有的技术、经济条件下尽量提高油层温度，以获得理想的采收率。

2）温度对含水率的影响

从图 2-25 中可以发现，稠油的含水上升比较快。随着温度的降低，含水上升速度随含水饱和度关系曲线变陡。低温时含水上升快，这主要是由于低温时黏度大，在相同的驱替压力下可以参与流动的孔道比较少，这样水就比较容易突破，从而造成较高的含水。此外，随着温度的增加，见水时间延长。

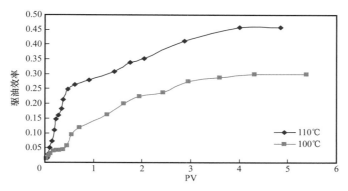

图 2-24 不同温度下超稠油水驱驱油效率曲线

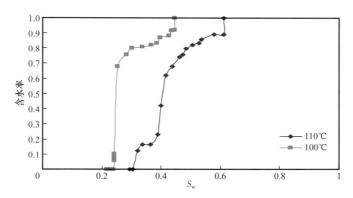

图 2-25 不同温度下超稠含水饱和度与含水率曲线

3）温度对驱替压力的影响

在保证恒定注入量的情况下得到的驱替压力曲线如图 2-26 所示，在水没有突破以前，随着驱替时间的增加驱替压力急剧增加，达到压力峰值以后，当水前缘突破以后，又急剧下降。温度越低，驱替压力越高，100℃与 110℃时最高驱替压力比可达 3.2 倍。随着温度的降低，启动压力梯度增加明显。但是，在驱替的中后期，压力梯度的增幅相对较小。

这主要与超稠油对温度的敏感程度较强有很大的关系。温度低时，超稠油黏度急剧增加，从而造成水突破时所需的压力迅速增加，此时驱替速度增加带来的驱替压力梯度的增加值远远小于由于原油黏度增加而带来的启动压力梯度增加值，所以当温度低时，驱替速度的增加造成的采收率的增加值相对变小。但是，当水突破以后，由于大孔道中水占据大部分空间，而水的黏度随温度变化几乎没有变化，所以稳定驱替的过程中，驱替压力随温度的变化而变化幅度较小。

4）温度对相对渗透率的影响

由图 2-27 看出，随着含水饱和度的增加，油的相对渗透率下降很快，而水的相对渗透率抬升很缓慢。对于不同温度下的相渗曲线，随着原油黏度的降低，油相的渗透率在适当的范围内上升较大，而水相的相对渗透率变化不大，或基本不变。可以这样解释：实验所用的岩心为亲水，水主要占据了孔隙的表面，而原油占据了孔道的中央，当原油的黏度降低时，在相同的驱替压力下油首先流动，且占据主要空间，因而对于水没有足够的通道供它流动，因此水的渗透率变化不大。

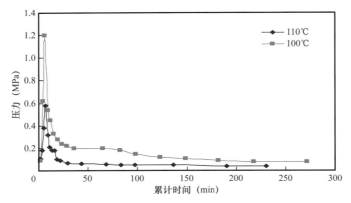

图2-26　不同温度下超稠油驱替压力曲线

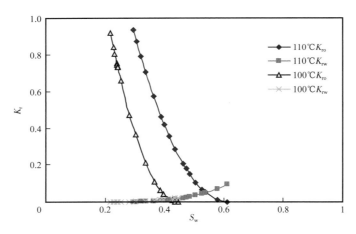

图2-27　不同温度下超稠油相渗曲线

随着温度的降低，油相的流动变得愈加困难。这主要是因为随着温度的降低，超稠油的黏度急剧增加，超稠油的启动压力梯度迅速增加，在较高温度下原来参加流动的一部分原油在温度降低时不参加流动了。可见，温度是影响超稠油采收率的关键因素，温度越高参加流动的孔隙和原油越多。

再对上表中的回归方程系数进行回归，得到相对渗透率与温度及含水饱和度的关系式：

$$K_{ro} = \left(-0.00008T^2 + 0.0135T + 0.3136\right)\left(1 - \frac{S_w - S_{wi}}{1 - S_{wi} - S_{or}}\right)^{\left(-0.0046T^2 + 0.9309T - 45.139\right)} \quad （2-13）$$

利用上式可以得到油相相对渗透率与温度以及含水饱和度的关系，为油藏数值模拟提供参考。不过由于实验数据有限，式（2-13）中的有些参数可能仍需校正。

第三节 热采稠油非达西渗流表征

一、热采稠油非达西渗流模型

稠油热采非达西渗流方程在温度高于临界温度时，稠油多孔介质中牛顿流体的渗流符合达西定律，方程可定义为：

$$v_o = -\frac{KK_{ro}}{\mu}\nabla\Phi \tag{2-14}$$

稠油在温度高于多孔介质中转变为牛顿流体的临界温度时，为牛顿流体，遵循达西渗流定律。

当温度低于临界温度，稠油为非牛顿流体，其渗流为具有启动压力梯度的非达西流；当压差低于启动压力梯度时，不渗流；只有压差大于启动压力梯度时原油才能流动。其渗流方程可以用下式描述，视黏度随着温度和剪切应力的变化而变化，需通过实验确定。

$$v_o = -\frac{KK_{ro}}{\mu}\left(1-\frac{p_0}{|\nabla\Phi|}\right)\nabla\Phi \tag{2-15}$$

式中　　v_0——油相渗流速度；

K——渗透率；

K_{ro}——油相相对渗透率；

p_0——启动压力梯度；

$\nabla\Phi$——势梯度。

蒸汽吞吐"三场"计算方法如下所述。

1. 温度场计算

注入到油层中的蒸汽是通过传热和传质两种机理来加热油层的。在油层多孔介质中，在热流体的作用下，既有热对流，又有热传导发生。因为蒸汽或热水在运动中要接触具有不同温度的固体岩石颗粒，因此，热对流过程中又伴随着热传导现象。油层中热对流和热传导，形成了热扩散。这样，油层中的传热机理可概括为：由于注入流体运动引起的能量传递；在油层中，由高温向低温的热传导；在注入流体和原始流体之间，由于地层的渗透性引起的热对流。当油层多孔介质中流体流动的运动速度较大时，第三种作用，即热对流作用为主要传热机理；当流体的运动速度较小时，前两种为主要传热机理。

对于注热水情况，则能量平衡方程简化为：

$$\nabla(K\nabla T) - \nabla(\rho_o V_o H_o + \rho_w V_w H_w) = \frac{\partial}{\partial t}\left[\phi(\rho_o S_o H_o + \rho_w S_w H_w) + (1-\phi)(\rho C)_R T\right] \quad （2-16）$$

对于不渗透岩层，如顶底岩层，此时 $V=0$，$\phi=0$ 则能量平衡方程式简化为：

$$\nabla(K\nabla T) = \frac{\partial}{\partial t}(\rho C)_R T \quad （2-17）$$

通过对能量平衡方程进行求解，可以得到注蒸汽过程中的油层动态参数，如蒸汽带、热水带的面积或半径、加热带的推进速度、油层中的温度分布、被驱替的原油体积及油层热量向顶底岩层的热损失等。其中比较经典的算法为马克斯—兰根海姆（Marx–Langenheim）算法、威尔曼（Willman）算法和劳威尔（Lauwerier）算法。

计算油藏中温度分布可以用劳威尔（Lauwerier）方法。这种方法的假定条件为：砂岩油层是均质的；流体不可压缩且是一维流动；油层物性及流体饱和度不随温度变化；油层中在任何水平位置的垂向温度是一致的；油层及围岩中没有水平方向的热传导；注入速度与温度恒定不变。

（1）油层中距注入井任一点的温度：

$$\overline{T} = \mathrm{erfc}\left(\frac{\beta}{2\sqrt{\lambda(\alpha-\beta)}}\right)U_x(\alpha-\beta) \quad （2-18）$$

$$\overline{T} = \frac{T - T_r}{T_s - T_r} \quad （2-19）$$

无量纲时间：

$$\alpha = \frac{4\lambda_{ob}t}{h^2 M_{ob}} \quad （2-20）$$

$$\beta = \begin{cases} \dfrac{4\lambda_{ob}L}{h^2\rho_f C_f \overline{V}_f} & \text{对于线性流动} \\[3mm] \dfrac{4\lambda_{ob}\cdot\pi R^2}{h^2\rho_f C_f q_f} & \text{对于径向流动} \end{cases} \quad （2-21）$$

$$\lambda = \frac{M}{M_{ob}} \quad （2-22）$$

$$U(\alpha-\beta) = \begin{cases} 0 & \text{当 } \alpha-\beta \leqslant 0 \\ 1 & \text{当 } \alpha-\beta > 0 \end{cases} \quad （2-23）$$

式中　T——当前油层温度，℃；

　　　T_s——蒸汽温度，℃；

　　　T_r——油层原始温度，℃；

　　　λ——油层导热系数，W/（m·℃）；

λ_{ob}——盖层导热系数，W/（m·℃）；

M——油层体积比热，kJ/（m^3·℃）；

M_{ob}——盖层体积比热，kJ/（m^3·℃）；

L——距注入井的距离，m；

R——距注入井的径向距离，m；

$\overline{V}_f$——流体的平均流速，m/d；

q_f——注入速度，m^3/d。

（2）顶层围岩中任意点的温度

$$T = \mathrm{erfc}\left(\frac{\beta + Z_h - 1}{2\sqrt{\lambda(\alpha - \beta)}}\right) U_x(\alpha - \beta) \tag{2-24}$$

$$\overline{T} = \frac{T_Z - T_r}{T_s - T_r} \tag{2-25}$$

式中 T_Z——在距离注入井为 L（或 R）的油层位置处，在油层中心平面以上（或下）垂直距离为 Z 的温度，℃。

$$Z_h = \frac{2Z}{h} \qquad \left(Z \geqslant \frac{h}{2}\right) \tag{2-26}$$

2. 压力场计算

注入一定数量的饱和蒸汽会使焖井结束时的平均地层压力高于原始地层压力，开井生产后，由于产出一定的油和水，使平均地层压力低于焖井结束时的地层压力。根据体积平衡关系，焖井结束时的平均地层压力 $\overline{p}$ 为：

$$\overline{p} = p_i + \frac{GB_{we}}{NB_{oe}C_e} + \frac{N_{oh}}{N} \frac{(\overline{T} - T_i)\beta_e}{C_e} \tag{2-27}$$

各生产阶段的平均地层压力 p_a 为：

$$p_a = \overline{p} - \frac{N_w B_w + N_o}{NB_o C_e} - \frac{N_{oh}(\overline{T} - T_a)\beta_e}{NC_e} \tag{2-28}$$

式中 p_i，T_i——原始地层压力和温度，10^{-1}MPa，℃；

G——累计蒸汽注入量（当量水量），m^3；

$\overline{p}$，$\overline{T}$——焖井结束时的平均地层压力和温度，10^{-1}MPa，℃；

B_{oe}，B_{we}——在 $\overline{p}$，$\overline{T}$ 下的油水体积系数；

N，N_{oh}——总储量和热区内的原始地层储量（地面），m^3；

p_a，T_a——各生产阶段的平均地层压力和温度，10^{-1}MPa，℃；

B_o，B_w——在 p_a，T_a 下的油水体积系数；

N_w，N_o——不包括热水带产出水的累计产水量和产油量（地面），m^3；

$C_e = C_o + C_w \dfrac{S_{wi}}{S_{oi}} + \dfrac{C_p}{S_{oi}}$——综合压缩系数；

C_w，C_p——油、水和孔隙的压缩系数，$10^{-1}MPa$；

$\beta_e = \beta_o + \beta_w \dfrac{S_{wi}}{S_{oi}}$——温度膨胀系数；

β_o，β_w——油水膨胀系数，$℃^{-1}$；

S_{oi}，S_{wi}——原始地层油和水饱和度。

3. 饱和度场计算

焖井以后，加热区中的热量一部分通过径向传给未加热区，另一部分通过垂向传给盖层和底层，因此，加热区的温度随焖井时间的延长而降低。同时，开井生产后，随着流体的产出，必然要带出一部分热量，使温度进一步降低。

对于各生产阶段的热区的油水饱和度计算，通过建立水相质量守恒方程可得到，各生产阶段热区的油水饱和度为：

$$S_w = S_{wi} \frac{V_{Dj} - V_{Dw} + R_h^2 R_e^{-2}}{R_h^2 (R_e)^{-1} \rho_w (\rho_{wi})^{-1}} \quad （2-29）$$

其中

$$V_{Dj} = G \left(S_{wi} \phi \pi R_e^2 h \rho_{wi} \right)^{-1} \quad （2-30）$$

$$V_{Dw} = W \left(S_{wi} \phi \pi R_e^2 h \rho_{wi} \right)^{-1} \quad （2-31）$$

而

$$\rho_w = \rho_{wi} \left[1 - \rho_w (T_a - T_i) + C_w (p_a - p_i) \right] \quad （2-32）$$

$$S_o = 1 - S_w \quad （2-33）$$

式中　ρ_{wi}，ρ_w——原始的和某阶段生产的地层水的密度，kg/m^3；

　　　W，G——累计产出水量和累计注入蒸汽的水当量，m^3；

　　　S_o，S_w——某生产阶段的油、水饱和度；

　　　ϕ——油层孔隙度。

二、热采稠油储层渗流物理模式

建立稠油蒸汽吞吐的"三场"（温度、压力和饱和度）分布模式（图2-28）描述蒸汽吞吐过程中稠油热采的非达西渗流特征。蒸汽吞吐过程中，井间蒸汽温度随着距生产井距离的增加而降低，油层温度大于或等于原始油层温度区为加热区，其半径为加热半径，距生产井更远的地方为未加热区；井底附近温度高，超过临界温度处所对应的区域，为达西流区。在达西流区外，生产压差梯度高于启动压力梯度的区域，原油可以流动，但为具有启动压力梯度的非达西流区；非达西流区外为不流动区。达西流区和非达西流区为可动用区域，剩余油饱和度降低，其外为未动用区，剩余油饱和度为原始含油饱和度。

1. 普通稠油和特稠油储层渗流模式

以中二北普通稠油为例进行描述（图 2-29）。孤岛中二北地层黏度为 521mPa·s，渗透率为 2300mD，原始油层温度为 65℃，按照周期注汽 2500t，地下干度 40% 计算，井底蒸汽温度为 330℃。随着距生产井距离的增加，油层温度降低，当距井底 35m 时，油层温度降低至临界温度 80℃，表明此时达西流区为 35m，此区域以外的均为非达西渗流区；当距生产井距离达到 60m 时，油层温度接近原始油层温度 65℃，加热半径为 60m；在非达西流区，距生产井 35～91m 区域，由于生产驱替压力梯度高于启动压力梯度，原油可以流动，该区域为可流动区，该区域以外的区域为不流动区；达西流区和非达西流区中的可流动区半径共 91m，为泄油半径。特稠油与普通稠油渗流模式相似，泄油半径大于加热半径。

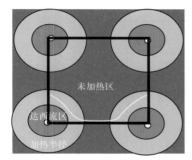 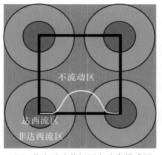 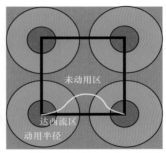

（a）蒸汽吞吐井间温度分布模式图　　（b）蒸汽吞吐井间压力分布模式图　　（c）蒸汽吞吐井间饱和度分布模式图

图 2-28　蒸汽吞吐"三场"分布模式图

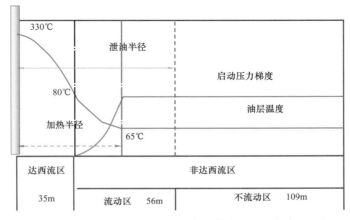

图 2-29　普通稠油热采非达西渗流模式图（孤岛中二北）

2. 超稠油热采储层渗流模式

以单 56 超稠油为例进行描述（图 2-30）。单家寺单 56 块地层黏度为 56255，渗透率为 2300mD，油层温度为 50℃，按照周期注汽 2500t，地下干度 45% 计算，井底蒸汽温度为 350℃。随着距生产井距离的增加，油层温度降低，当距井筒 15m 时，油层温度降低至临界温度 110℃，表明此时达西渗流区为 15m，此区域以外的均为非达西流区；当距生产井距离达到 50m 时，油层温度等于原始油层温度 50℃，加热半径为 50m；在非达西流区，距生产井 15～35m 区域，由于生产驱替压力梯度高于启动压力梯度，原油可以流动，该区域为可流动区，该区域以外的区域为不流动区；达西流区和非达西流区中的可流动区半径共 35m，为泄油半径。超稠油油藏泄油半径小于加热半径。

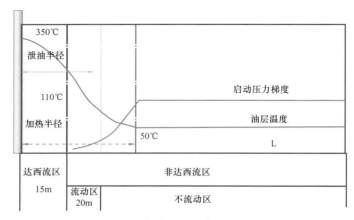

图 2-30　超稠油热采非达西渗流模式图（单 56）

3. 稠油热采井间压力及饱和度分布

孤岛稠油环中二北 Ng5 稠油油藏在 2002 年到 2008 年间距中 24-533 附近钻取 2 口密闭取心井（23-XJ535、25J533）和 2 口新井（26-532、23-X534），分别距该井 29m、76m、100m 和 140m，从在 Ng5 取心及新井饱和度解释值看出（图 2-31），随着距老井距离越远，剩余油饱和度越高，100m 后接近原始含油饱和度，说明非达西控制下剩余油饱和度分布井间，剩余饱和度富集，验证了模式的正确性。

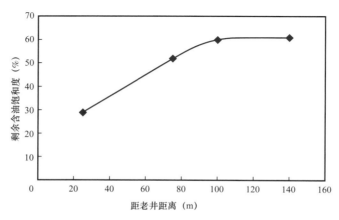

图 2-31　孤岛中二北 Ng5 新井距老井不同距离含油饱和度图

统计孤岛中二北 Ng5 稠油不同时期新钻加密井与老井测试静压对比看（图 2-32），一次加密井距老井距离远，处于不流动区，压力接近原始地层压力，二次加密井由于距老井近，处于非达西渗流区，压力有所下降，但比同时期老井压力高，实际资料说明了井间压力高，验证了非达西控制渗流模式的正确性。

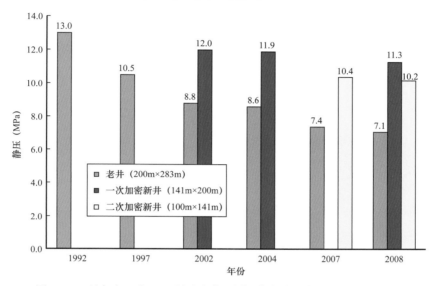

图 2-32　孤岛中二北 Ng5 稠油油藏不同时期加密井与老井压力对比图

参 考 文 献

［1］张方礼，赵洪岩．辽河油田稠油注蒸汽开发技术［M］.北京：石油工业出版社，2007.

［2］朱战军，林壬子，汪双清．稠油主要族组分对其黏度的影响［J］.新疆石油地质，2004（5）：512–513.

［3］文萍，张庆，李庶峰，等．新疆稠油及组分中的元素分布［J］.石油化工应用，2015，34（10）：11–15.

［4］朱玉霞，汪燮卿．原料油中的钙分布在催化裂化过程中的变化［J］.石油学报（石油加工），1999（1）：3–5.

［5］Wu Z，Liu H，Wang X. Adaptability Research of Thermal–Chemical Assisted Steam Injection in Heavy Oil Reservoirs［J］. Journal of Energy Resources Technology，2018，140（5）：052901.

［6］苏铁军，郑延成．稠油族组成与粘度关联研究［J］.长江大学学报（自然科学版），2007（1）：60–62，132.

［7］盛强，王刚，金楠，等．石油沥青质的微观结构分析和轻质化［J］.化工进展，2019，38（3）：1147–1159.

［8］刘建锟．沥青质分子结构研究进展［J］.炼油技术与工程，2018，48（9）：1–4.

［9］李生华，刘晨光，梁文杰，等．从石油溶液到碳质中间相——Ⅰ.石油胶体溶液及其理论尝析［J］.石油学报（石油加工），1995（1）：55–60.

［10］Almeida A L，Martins J B L，et al. Theoretical Analysis of Water Coverage on MgO（001）Surfaces with Defects and without F，V and P Type Vacancies［J］. Journal of Molecular Structure. Theochem，2003，664：111-24.

［11］Alcazar-Vara，Luis Alberto，Jorge Alberto Garcia-Martinez，et al. Effect of Asphaltenes on Equilibrium and Rheological Properties of Waxy Model Systems［J］. Fuel，2012，93：200-12.

［12］Fenistein D，Barré L. Experimental Measurement of the Mass Distribution of Petroleum Asphaltene Aggregates Using Ultracentrifugation and Small-angle X-ray Scattering［J］. Fuel，2001，80：283-87.

第三章 难采稠油热/化学复合开发机理

第一节 难采稠油开发动用机理

针对油藏"浅、薄、稠"的开发难点，通过大幅度降低近井地带原油黏度降低注汽启动压力、大幅度扩大热波及范围确保注汽质量、补充地层能量来改善油井的流入动态、应用水平井和配套工艺技术来提高热利用率，创造性地提出了难采稠油热/化学复合开发技术。

一、热/气/剂复合增效机理

1. 蒸汽加热降黏

加热降黏是注蒸汽开采稠油最重要的机理，温度升高使原油黏度降低，原油流度增加，从而大大降低原油在储层中的流动阻力、改善渗流能力。注蒸汽热采过程中，近井地带地层温度升高，将油层及原油加热。由于蒸汽的密度很小，在重力的作用下，蒸汽将向油层顶部超覆，但热的传导作用会使加热范围逐渐扩展，这样形成的加热带的原油黏度急剧降低，原油流向井底的流动阻力大大减小，油井产量成倍增加[1]。

（1）加热降低稠油黏度。向地层注入蒸汽后，近井地带一定距离内地层温度升高，将油层及原油加热。虽然注入的蒸汽易进入高渗透层或发生蒸汽超覆，油层加热不均匀，但由于热对流和热传导作用，当注入足够蒸汽量时，加热范围逐渐扩大，蒸汽带的温度仍保持井底蒸汽温度。所形成加热带中的稠油黏度将大幅度下降，流动阻力明显减小，油井产量增加。

（2）高温蒸汽对岩石的冲刷作用可解除井筒附近钻井液等油层伤害，尤其是第一周期，这种解堵作用非常重要。

（3）高温蒸汽降低油水界面张力，改善液阻和气阻效应，降低原油流动阻力。

（4）高温蒸汽一方面导致原油和水膨胀，另一方面导致岩石膨胀，减小孔隙体积，从而增加采油量。

（5）岩石的润湿性改变，降压后的压实作用以及高温蒸汽蒸馏作用等均可改善原油的生产状态。

2. 氮气增能隔热

氮气为非凝析气体，不溶于水，微溶于油，其压缩系数是二氧化碳的3倍，具有比其他气体更高的膨胀性。氮气的分压作用、微气泡贾敏效应和重力分异作用可以提高蒸汽的加热范围。在热采中辅助使用可以降低井筒热损失、提高井底蒸汽干度，提高热能利用率、提高蒸汽驱油效率、补充地层能量，提高回采水率[2]。

1）对原油高压物性的影响

从28℃、80℃和120℃条件下溶解气油比与溶解压力的关系曲线对比，可以看出随着温度的升高，氮气在油中的溶解量有所升高。从28℃升至120℃时，在地层压力10MPa时，氮气的饱和气油比为4.53～7.7（图3-1）。同其他类型气体相比，氮气具有较低的饱和气油比。

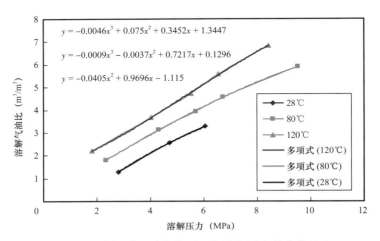

图3-1 不同温度下溶解气油比与溶解压力的曲线对比

在不同温度条件下，去除热膨胀系数对体积系数的影响，氮气使稠油体积膨胀的作用并不明显，体积膨胀量在2%以内（图3-2）。

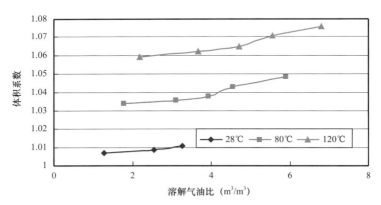

图3-2 不同温度条件下氮气注入对地层原油体积系数的影响

氮气在排601区块稠油中溶解度较低，降黏率较低，油藏条件下降黏率一般在20%以下（图3-3、图3-4）。

氮气具有很大的弹性膨胀系数，以游离的形态大幅度增加地层回采驱替压力。在相同条件下游离形态的氮气提供的弹性能量为二氧化碳气体的1.5～2倍（图3-5）。

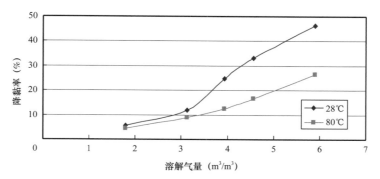

图 3-3　不同温度的降黏率随溶解氮气量关系曲线

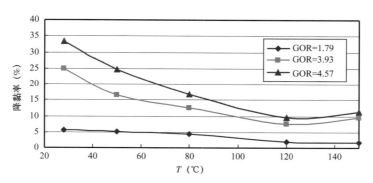

图 3-4　不同氮气溶解量的降黏率随温度关系曲线

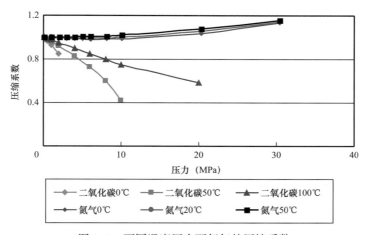

图 3-5　不同温度压力下氮气的压缩系数

2）对储层近井地带压力的影响

根据数值模拟结果（图 3-6、图 3-7、图 3-8、图 3-9），在吞吐过程中注入氮气可以增加近井地带压力 0.8MPa 左右，有效增加了浅层稠油油藏的地层能量。

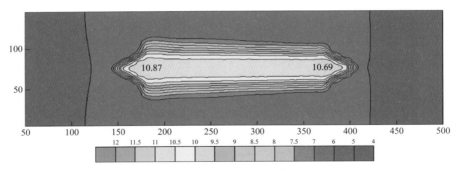

图 3-6　蒸汽吞吐对储层近井地带压力的影响

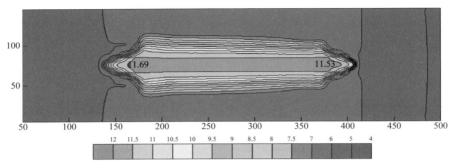

图 3-7　蒸汽 + 氮气吞吐对储层近井地带压力的影响

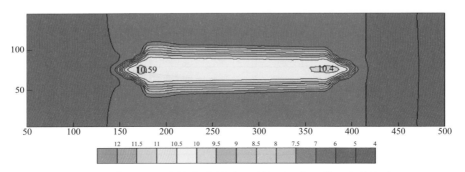

图 3-8　蒸汽 + 油溶性降黏剂吞吐对储层近井地带压力的影响

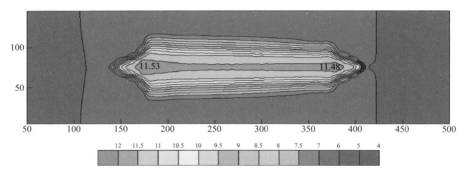

图 3-9　蒸汽 + 氮气 + 油溶性降黏剂吞吐对储层近井地带压力的影响

3）对储层温度场的影响

随着氮气的加入，岩石导热系数逐渐降低，当气体饱和度达到 0.36 时，岩石导热系数下降 16%（表 3-1）。同时，由于重力分异的作用，油藏上部含气饱和度较高，降低了薄层稠油油藏沿上部盖层热量的损失，提高蒸汽的加热范围和温度场均匀分布的程度。

由图 3-11 可以看出，氮气的注入降低蒸汽沿上部盖层的热损失，提高蒸汽的加热范围和温度场均匀分布的程度。

表 3-1 不同含气饱和度条件下岩石导热系数（4.6MPa）

氮气饱和度	0	0.18	0.29	0.36
岩石导热系数［W/（m·℃）］	1.92	1.75	1.66	1.61

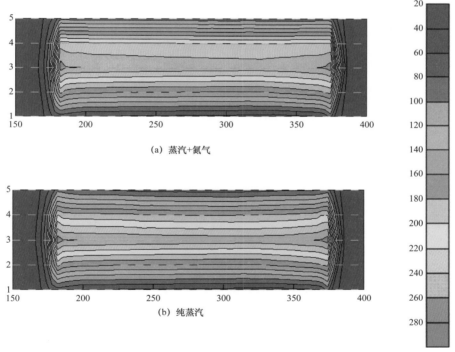

图 3-10 蒸汽 + 氮气与纯蒸汽垂向温度场

4）提高蒸汽吞吐、蒸汽驱效率

由图 3-11 和表 3-2 可以看出，随着氮气注入量增大，采收率随之增大，在注入 0.05PV 氮气时，采收率为 62.51%，注入 0.8PV 氮气时，采收率提高到 76.48%。这是由于随着氮气注入量的增加，溶解进入原油中的氮气增多，起到了更好的降黏作用，同时使原油体积膨胀效果更明显，此外，随着氮气注入量的增加，氮气的调剖作用和增压作用更加明显，从而提高了原油的采收率。

表 3-2　不同氮气注入量时采收率数据表

氮气注入量 （PV）	降黏剂注入量 （PV）	采收率 （%）	采收率增幅（相比蒸汽驱） （%）
0	0	35.29	0
0	0.05	58.61	23.32
0.1	0.05	62.51	27.22
0.2	0.05	66.66	31.37
0.4	0.05	71.54	36.25
0.6	0.05	73.60	38.31
0.8	0.05	76.48	41.19

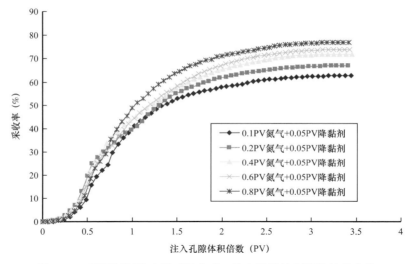

图 3-11　不同氮气注入量时采收率—注入孔隙体积倍数关系曲线

3. 超临界二氧化碳溶解降黏

为了研究热采开发中超临界二氧化碳（以下简称 $ScCO_2$）在特超稠油中的作用，实验设备选用先进的高温高压 PVT 釜（带磁力搅拌及恒温功能）、国内温压等级最高的落球式黏度计等，在不同温度、压力、含水条件下，测定 $ScCO_2$ 在特超稠油中的溶解度、原油体积系数、原油密度的变化规律，并在室内对 $ScCO_2$ 的表面张力、萃取能力、扩散系数等进行了研究。在此基础上，得出 $ScCO_2$ 在郑 411 区块特超稠油中的相应关系图版。

（1）溶解降黏。随 $ScCO_2$ 溶解气油比的增加，原油黏度快速下降。当气油比达到 $30m^3/m^3$ 时，其降黏率达 92% 以上，之后降黏幅度变缓。油藏条件下超临界饱和 CO_2 对特超稠油的降黏率超过 99%（图 3-12）。

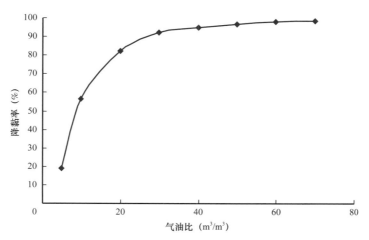

图 3-12 郑 411 区块油藏条件 CO_2 溶解降黏率曲线

（2）$ScCO_2$ 在稠油中的溶解度对温度、压力极为敏感，由郑 411 区块原油溶解度与压力、温度关系图版看出：随着温度的增加，$ScCO_2$ 溶解度迅速下降。注汽条件下，$1m^3$ 原油析出 $42m^3$ $ScCO_2$（图 3-13），其良好的传质能力可大幅度提高注入蒸汽和油溶性复合降黏剂的波及范围。

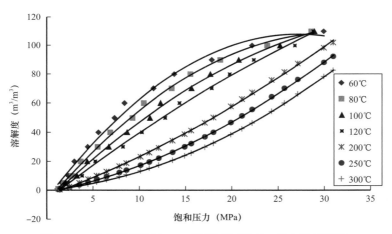

图 3-13 胜利特超稠油 CO_2 溶解度与温度、压力关系图版

（3）在中深层（大于 1000m）油藏中，CO_2 始终处于超临界状态，密度近于液体，黏度近于气体，扩散系数约为液体的 100 倍，$ScCO_2$ 的这一特性也是其能在超稠油中发挥作用的重要原因。同时它还具有极强的溶解能力，可大量萃取超稠油轻质组分。

（4）防乳破乳性能。$ScCO_2$ 的破乳能力与 $ScCO_2$ 降低油水界面张力的性质和 $ScCO_2$ 溶解于水后形成酸性条件有关。在含水条件下，$ScCO_2$ 溶解后形成酸性条件，H^+ 与沥青质和胶质分子极性基团上 N、O、S 的孤对电子结合，使这些极性基具有部分阳离子表面活性剂亲水基的性质，它们在油水界面吸附后，分子间相互作用力也降低，从而使界面活性升高，黏弹性降低。同时，$ScCO_2$ 在高于 15～20MPa 压力情况下，气—油界面张力一直保持 18～8.6mN/m 的水平，而原油形成油包水乳状液的油水界面张力一般要大于 25～30mN/m。为此，由于溶解 $ScCO_2$ 原油性质改变和形成油水界面膜的成膜物质界面活性提高，避免了原油乳化的形成。

（5）油藏条件下 CO_2 溶于原油，可使原油体积增大 10%～30%，回采过程中，压力降低使 CO_2 析出形成泡沫油，降低举升工艺难度。

4. 油溶性降黏剂

油溶性降黏剂是利用相似相溶的原理以芳香质缩合物和渗透剂组成降黏体系，该体系在油层温度下对胶质、沥青质具有良好的溶解分散性。选择适合排 601 区块超稠油特性的油溶性降黏剂。研究发现，油溶性降黏剂主要作用有以下几点。

1）有效降低近井地带原油黏度

图 3–14 为在 $20s^{-1}$ 剪切速率下排 601—平 36 油样加入 1%YR–2 降黏剂前后的黏温关系对比图。

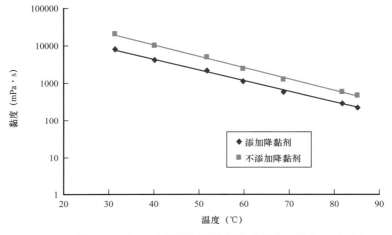

图 3–14　排 601—平 36 油样添加降黏剂前后黏度—温度关系对比

由图 3–14 可知，降黏剂在高温下仍然具有很好的降黏效果。对于排 601—平 36 油样，31.5℃下黏度为 20667mPa·s，加入 YR–2 降黏剂后黏度下降到 7967mPa·s；85.2℃下黏度为 464mPa·s，加入 YR–2 降黏剂后黏度下降到 225mPa·s。可见对于蒸汽吞吐开发方式下的高温条件，YR–2 降黏剂仍然具有非常优秀的降黏效果。

2）降低原油屈服值

排 601—平 36 稠油随着温度的升高屈服值逐渐降低，不同温度下油样的剪切速率和剪切应力的关系如图 3–15、图 3–16 所示。温度在 50～60℃转变成牛顿流体。当注入油溶性降黏剂后，在油藏条件下稠油屈服值大幅度下降，转变成牛顿流体的温度点降低到 30～40℃。

由图 3–15、图 3–16 可知，加入降黏剂后，排 601—平 36 油样的屈服值大幅降低。这是由于降黏剂分子分散在超稠油中，大幅度减弱了超稠油分子间的作用力，从而使原油屈服值得到显著下降。

3）降低注汽压力

通过试验数据结合现场的油藏条件，注入降黏剂后，注汽的启动压力可降低0.5～1MPa（表 3-3）。将油层微观看作理论的毛细管，孔隙流速与孔隙半径、原油黏度、毛细管长度、毛细管两端压力降以及原油屈服值有关。

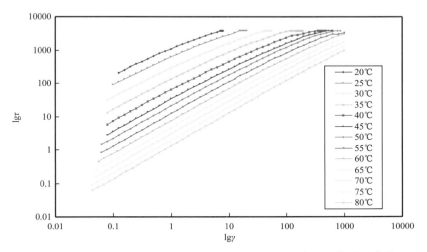

图 3-15　排 601—平 36 脱水油样剪切应力与剪切速率双对数关系曲线

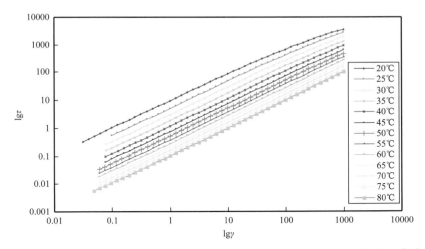

图 3-16　降黏剂 + 排 601—平 36 油样体系剪切应力与剪切速率双对数关系曲线

孔隙流速：

$$V_{Q} = \frac{Q}{\pi R^2} = \frac{R^2 \Delta p}{8 \mu_{B} L} \left[1 - \frac{4}{3} \left(\frac{2\tau_{B} L}{R \Delta p} \right) + \frac{1}{3} \left(\frac{2\tau_{B} L}{R \Delta p} \right)^4 \right] \tag{3-1}$$

从岩心流动实验分析（表 3-4），通过前置注入油溶性降黏剂可有效降低驱动多孔介质条件下稠油的最大驱动压力，降低的幅度在 1～3MPa。

表 3-3 实验数据表

孔隙半径（μm）	原油黏度（mPa·s）	孔隙流速（m/d）	长度（m）	屈服值（Pa）	压降（Pa）
5	2×10^4	0.3	1	2.163	159700
5	2×10^4	0.3	1	0.956	53800
5	2×10^4	0.3	1	0.442	19300
25	1×10^5	0.3	1	2.163	31800
25	1×10^5	0.3	1	0.956	10800
25	1×10^5	0.3	1	0.442	3800

表 3-4 管式模型条件下最大启动压力

对比指标	不同温度条件下最大启动压力（MPa）			
	28℃	30℃	40℃	50℃
原始油样	12.7	11.6	9.7	8.2
前置 0.15PV 油溶性降黏剂	10.2	9.3	8.1	7.3

根据室内驱替实验（图 3-17），在 2mL/min 注入速度下加入 0.05PV 降黏剂的蒸汽驱与纯蒸汽驱的注入压力对比可知，蒸汽驱时突破压力为 7.12MPa，平衡压力为 1.55MPa，添加降黏剂后，突破压力降低到 1.39MPa，平衡压力降低到 0.09MPa。添加降黏剂后蒸汽注入压力明显降低，说明降黏剂有效地降低了原油的黏度，使驱替压力降低，改善了岩石内部原油渗流特征，提高了驱油效率。

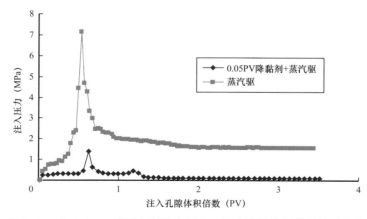

图 3-17 加 0.05PV 降黏剂时注入压力—注入孔隙体积倍数关系曲线

结合现场的油藏条件及井型特征，通过注入油溶性降黏剂可降低注汽启动压力 2~4MPa（图 3-18）。

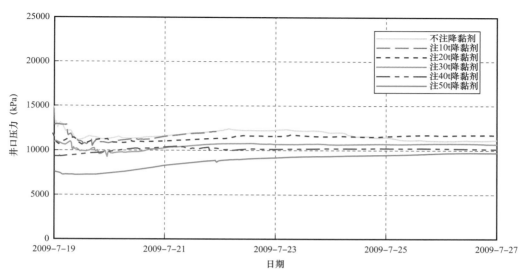

图 3-18　注不同油溶性降黏剂对注汽启动压力的影响

4）大幅度提高蒸汽、热水的驱油效率

图 3-19 和表 3-5 为分别注入 0.005PV，0.01PV，0.02PV 和 0.05PV 降黏剂时对采收率的影响。由图表可知，随着降黏剂注入量的增加，采收率增加，这是由于降黏剂注入量越大，对原油降黏的效果越明显，从而更好地改善原油的流动性，从而使采收率增加。

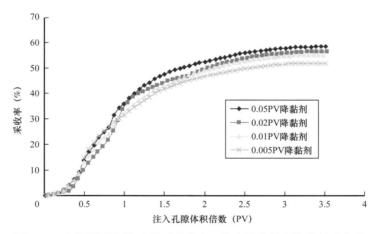

图 3-19　不同降黏剂注入量时采收率—注入孔隙体积倍数关系曲线

表 3-5　不同降黏剂注入量时采收率数据表

降黏剂注入量（PV）	采收率（%）	采收率增幅（相比蒸汽驱）（%）
0	35.29	0
0.005	52.15	16.86
0.01	55.43	20.14

续表

降黏剂注入量（PV）	采收率（%）	采收率增幅（相比蒸汽驱）（%）
0.02	56.65	21.36
0.05	58.61	23.32

二、稠油水平井开发机理

对于薄层稠油开发，相对于直井，水平井和多分支井与储层有更大接触面积，泄油面积大，对储层的控制程度高[3]。这里主要从水平井渗流机理说明其优势。

1. 水平井开发热损失小

薄层稠油开发热损失较大，对注汽质量和井筒温度均有很高要求，而水平井具有热利用率高、井口温度高、高温采油期长的独特优势，因此利用水平井开采薄层稠油可以充分发挥水平井的优越性。

通过数值模拟预测，随着油层厚度增加，直井、水平井累积热损失逐渐减小，在相同油层厚度下，水平井比直井热损失降低20%～30%，水平井与油藏接触面积大大增加，在增加储量动用程度的同时，减少了热量损失，所以利用水平井开发能够取得更好的热采效果（图3-20）。

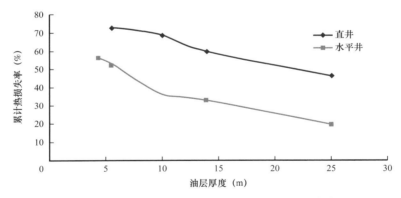

图3-20　直井、水平井热损失与油层厚度关系曲线

2. 水平井能改变热应力方向

薄互层稠油单层厚度小，若油层上部存在水层且隔层较薄时，直井易发生管外窜，因油层厚度小，也不具避射条件；而水平井可改变应力方向，增加固井段长度，为防止管外窜的有效手段。

3. 水平井可降低注汽压力

数值模拟预测结果（图3-21）表明：稠油直井的注汽压力与原始地层压力比值，都在1.7倍以上，而水平井的注汽压力与原始地层压力比值要小于同黏度直井比值。随着油层厚度减小，其比值增大，原油越稠，比值也增大。

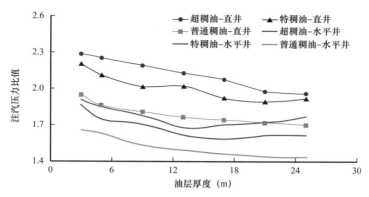

图3-21　稠油油藏油井注汽压力与原始地层压力比值图

从乐安油田水平井与直井注汽指标对比表可以看出（表3-6），草20块水平井注汽压差仅为2.1MPa，而直井因油层厚度小、纵向储层非均质吸汽差异的影响，注汽压差达到5.2MPa，直井注汽压差约为水平井的2.5倍，乐安南区试验区的水平井和放射状水平井的注汽压差也比周围直井的注汽压差小；同时水平井的注汽速度可以达到周围直井的2～2.5倍；因此水平井的吸汽能力远高于直井，为直井的3.0倍以上。

表3-6　乐安油田水平井与直井注汽指标对比表（第一周期）

区块	井别	注汽压差（MPa）	注汽速度（t/h）	吸汽指数［t/（MPa·d）］
水平井试验区	草南试平1、平2	3.9	15	97
	12直井	6.67	8	30.6
	比值	0.58	1.9	3.2
草20	草20—平1、平2	2.1	17	203.5
	8口直井	5.2	8	40
	比值	0.4	2.25	5.1
放射状水平井区	8口水平井	10.4	14.5	33.5
	24口直井	12.4	5.9	11.4
	比值	0.84	2.45	2.9

综上所述，水平井在薄互层稠油开发中具有较大的优势，因此在其极限有效厚度范围内，应推广应用水平井开发，但应重点研究其开发方式、井网、井距以及水平井位置等参数。

1）水平井注蒸汽温度、压力变化

通过数值模拟测算，考虑水平井井筒摩阻时，不同油层厚度的油藏在注蒸汽过程中水平段所在网格的温度、压力不相等。随着油层厚度的增大，油藏注蒸汽过程中水平井首端（A靶点）的温度和压力都呈逐渐降低的趋势变化。即油层越薄，水平井首端（A靶点）所在网格的油藏压力越大，这说明油层越薄，水平井的注汽压力越大。因注汽压力和注汽温度之间存在着正相关的关系，注汽压力增大导致注汽温度增高，即油层越薄，注入蒸汽温度越高（图 3-22）。

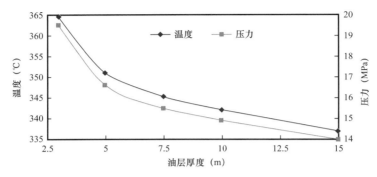

图 3-22　不同油层厚度油藏注汽后水平段首端（A 靶点）温度、压力变化曲线

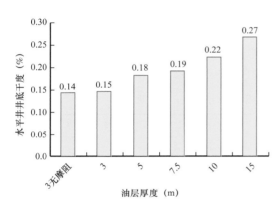

图 3-23　不同油层厚度油藏注汽后水平段首端
（A 靶点）干度变化曲线

2）水平井注蒸汽井底干度变化

油层厚度减薄，水平井首端（A 靶点）的井底干度也随之降低。据水平井非生产段热损失数值计算结果，在水平井首端（A 靶点）的井底干度为 0.3～0.4，则 5m 厚度油层水平井首端注蒸汽干度仅为 0.18（图 3-23）。

3）不同油性水平井注蒸汽注入压力、干度变化

原油黏度增加，其注汽压力也随之增大，当油层厚度变薄，原油黏度增加时，其注汽压力大幅提高，油层厚度为 5m 时，其注汽压力达到原始地层的 1.5 倍以上。

4. 稠油水平井热采沿程流动规律

1）薄层热采水平井水平段吸汽不均衡

水平井首端注入蒸汽为径向流动，吸汽量最大，其达到油层顶底面以后，转换为线性流，考虑由于井筒摩擦和加速度对井筒注汽压力温度的影响，吸汽量逐渐减小，靠近末端时，注入蒸汽又转为半球形—球形流，吸汽量较水平段略有增加。

2）油层越薄，热采水平井沿程干度越低

考虑井筒摩阻时，在同一油层厚度时，水平井首端蒸汽干度最大，随着水平段延伸，其干度逐渐降低，距水平段近端蒸汽干度降低幅度较大，向远端延伸，干度降低幅度变小，临近水平井的末端时，蒸汽干度几乎不发生变化。

不同油层厚度油藏在注蒸汽过程中水平段沿程蒸汽干度不相等，油层厚度越薄，其首端蒸汽的干度越低，不同油层厚度的蒸汽干度变化幅度较大，但水平井的末端蒸汽的干度变化幅度较小。因此在薄层稠油油藏注蒸汽开发时，应采用高真空井筒等先进隔热技术，提高井底蒸汽干度，以确保薄层稠油热采开发效果。

3）水平井两端存在端点效应

水平井沿程吸汽量、焖井温度（图3-24）、压力都出现了端点效应，因此水平井加热半径和含油饱和度也出现了端点效应。

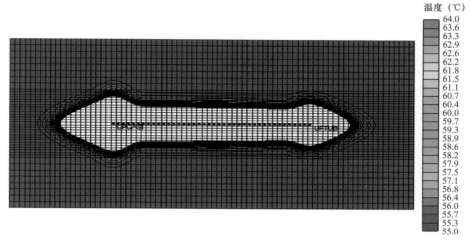

温度（℃）
64.0
63.6
63.3
62.9
62.6
62.2
61.8
61.5
61.1
60.7
60.4
60.0
59.7
59.3
58.9
58.6
58.2
57.9
57.5
57.1
56.8
56.4
56.0
55.7
55.3
55.0

图 3-24　考虑摩阻时注汽后水平井温度场

因此，在稠油油藏水平井部署时应考虑到稠油热采水平井注蒸汽后的端点效应，水平井的 A、B 两端点应该交错部署，有效避开端点效应对开发的影响。

4）薄层热采水平井热损失增大

在上述研究的基础上，通过数值方法和数值模拟研究，测算了不同厚度和不同油性，热采水平井的热损失变化。水平井在薄层稠油油藏的热损失为40%～55%，比直井热损失降低20%～30%，能够较好地保证热采效果。随着油层厚度减薄，水平井沿程热损失增大，但油性变化对其影响较小。

5.薄层水平井热采储量动用模式

1）加热半径

（1）不同厚度稠油水平井热采加热半径。

不同厚度稠油水平井热采加热半径不同，层越薄，经济条件下要求蒸汽注入量变大，热采加热半径就越大。

（2）不同油性稠油水平井热采加热半径。

薄层水平井热采加热半径与黏度近似成对数关系，加热半径随着黏度的增大而逐渐减小。

2）动用半径

（1）不同厚度稠油水平井热采动用半径。

油层变薄，经济条件下水平井热采动用半径增大。

（2）不同油性稠油水平井热采动用半径。

薄层水平井热采动用半径随黏度变化呈现对数关系。即动用半径随黏度的增加而减小，但是减小的速度逐渐变缓。

（3）不同吞吐周期稠油水平井热采动用半径。

随吞吐周期的增加，薄层水平井热采动用半径逐渐增加。普通稠油油藏前五个周期变化幅度较大，以后动用半径随吞吐周期数的变化变缓；超稠油油藏随吞吐周期的增加薄层水平井热采动用半径略有增加，但变化不明显。

3）热采开发动用模式

临界黏度为地层条件下 10000mPa·s。油层黏度小于临界黏度，动用半径大于加热半径，可吞吐加热引效；油层黏度大于临界黏度，动用半径小于加热半径，黏度越大，两者之间的差值越大（图 3-25）。

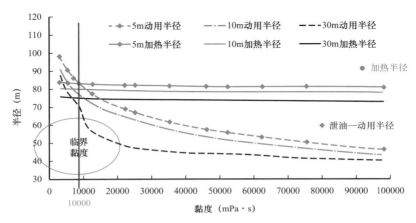

图 3-25　加热半径、动用半径与原油黏度、地层厚度关系

三、薄层超稠油热/化学复合开发机理

1. 水平井提高注入能力

根据单井地质模型预测，随着油层厚度增加，直井、水平井累积热损失逐渐减小，在相同油层厚度下，水平井比直井热损失降低 20%～30%，水平井与油藏接触面积大大增加，在增加储量动用程度的同时，减少了热量损失，所以利用水平井开发能够取得更好的热采效果。同时由于与油藏接触面积大，提高了吸汽能力，生产实践表明：水平井的吸汽能力为直井的 2.7 倍，如图 3-26 所示。

2. 协同降黏

油溶性降黏剂、氮气和蒸汽除了本身都具有很强的原油降黏能力，在三者以段塞形式注入地层及注汽过程中，相互协同，发挥协同降黏作用，表现出更加有效的降黏效果。

（1）氮气在排 601 区块稠油中溶解度较低，降黏率较低，油藏条件下降黏率一般在 20% 以下。

（2）蒸汽对油溶性降黏剂的促进作用。随温度升高降黏效果增加；在较强剪切条件下（蒸汽注入过程中），油溶性降黏剂对含水原油降黏效果大幅增加，含水大于 50% 后可形成水包油乳状液，进一步加大降黏效果。

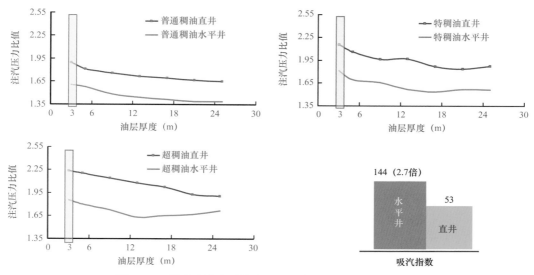

图3-26　稠油油藏水平井注汽压力与原始地层压力比值图

（3）降黏剂活性成分对氮气的促进作用。降黏剂活性成分可以使氮气溶解及萃取能力呈级数增加，并使其黏度下降、表面张力下降，提高了其降黏效果和扩散能力。同时，可以消除因氮气破坏稠油体系造成的重质沉淀危害。

3. 增能作用

氮气是一种非凝结性气体，其本身的特性受温度和压力的影响很小，不像蒸汽那样遇冷容易凝结成水，也不像二氧化碳那样在一定的压力下易溶于原油[4]。这种惰性气体不受气源限制、无毒无害，又是热的不良导体，能协助蒸汽提高稠油油藏的开采效果，氮气辅助蒸汽吞吐技术已开始在油田应用。通过研究不同注氮量、不同注入方式等对蒸汽驱油效果的影响，来了解氮气与蒸汽混注后的增产机理。

氮气辅助蒸汽吞吐是蒸汽吞吐的一种改进和提高，其本质是蒸汽吞吐热采方式，但由于氮气压缩性、膨胀性、小热容、低黏度等特点，与热蒸汽混注后又强化或增强了蒸汽吞吐的作用。

氮气辅助后增加携热能力，降低残余油饱和度。氮气对原油黏度的影响很小，主要是因为氮气在重油中的溶解度很低。这是因为氮气虽然在水和油中的溶解度很低，但在地层中能够形成微气泡，一方面推动蒸汽向前运移，增强导热作用，增加蒸汽携热能力，辅助降黏；另一方面氮气进入岩心后，将优先占据多孔介质中的油通道，使原来呈束缚状态的原油成为可动油，从而降低了残余油饱和度，也就是说气相饱和度的存在减少了残余油饱和度，这是氮气辅助蒸汽吞吐增产的主要机理之一。

氮气的压缩膨胀作用分散和改变了原油流动形态，增强了原油流动性。先注氮气后跟进蒸汽，被原油捕集的压缩氮气受热膨胀聚集，使连续的油被小的氮气段塞分隔为段塞式油，原油的连续性被打破，流动形态发生改变，相互之间的作用力减小，原油流动性增加，有利于采出。注入氮气量越大，这种作用更加明显。从观察到的试验现象也发现，混有氮气的原油呈珠状采出，油水容易分离；而未加注氮气的原油呈线状采出，油水难以分离而在出口聚集并堵塞出口。所以，氮气受热膨胀，增加原油弹性能量和流动性，改变原油流动形态，使原油分散成滴状是氮气辅助的又一增产机理。

扩大蒸汽的波及体积，补充地层能量，提高回采水率。注氮气使注汽前缘变得相对均匀，在一定程度上扩大了蒸汽波及体积，使开发效果变好。

强化蒸汽蒸馏效应。在注蒸汽过程中，原油和水的汽化压力随温度升高而升高，当油和水的汽化压力等于油层当前压力时，原油中轻质组分汽化成气相，产生蒸汽蒸馏作用。通过对采出原油的蒸馏馏分分析，发现随混注量的增加轻质组分含量增加。在注蒸汽过程中加入氮气使混注汽化压力降低，起到了减少热损失，保持蒸汽温度，减慢蒸汽干度的降低速度，进而强化了原油中轻质组分的蒸馏作用。

氮气同油溶性降黏剂相结合在保证工艺作用范围的基础上，提高了地层压力，有效增加了浅层稠油油藏的地层能量，延长生产周期。

4. 扩大热波及范围

实验过程中，分别考虑了单纯注蒸汽、注蒸汽 + 降黏剂、注蒸汽 + 氮气、注蒸汽 + 氮气 + 降黏剂的温度情况（图 3-27 至图 3-30）。

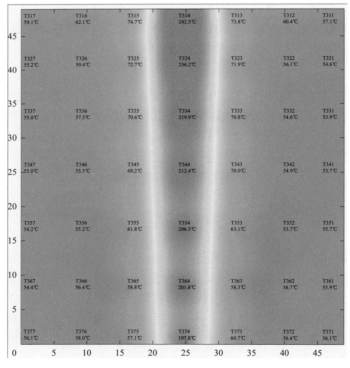

图 3-27　单纯注蒸汽的温度场分布

通过对比水平井注蒸汽、注蒸汽 + 降黏剂、注蒸汽 + 氮气、注蒸汽 + 降黏剂 + 氮气温度场分布，表明：

（1）蒸汽添加剂中有氮气的温度场体积明显要大，表明氮气能明显增加蒸汽的波及范围，扩大蒸汽的加热半径，并且有效遏制蒸汽的超覆效应（图 3-31、图 3-32）。

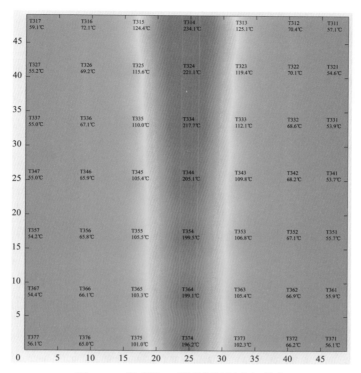

图 3-28 注蒸汽 + 降黏剂的温度场分布

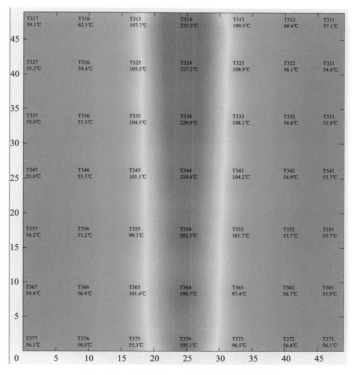

图 3-29 注蒸汽 + 氮气的温度场分布

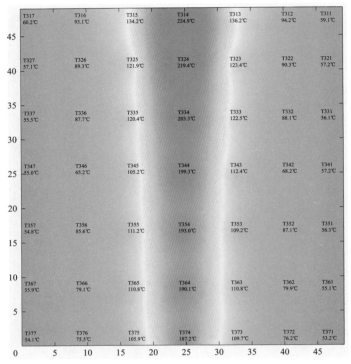

图 3-30　注蒸汽 + 降黏剂 + 氮气的温度场分布

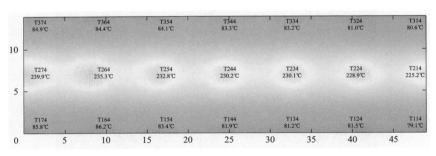

图 3-31　蒸汽 + 氮气垂向温度场

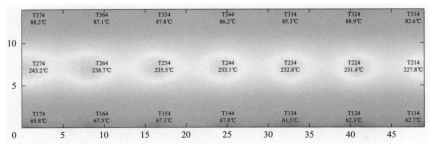

图 3-32　纯蒸汽垂向温度场

（2）在注入降黏剂情况下温度场分布更趋于均匀，受效范围更大，温度场体积也比纯注蒸汽的要大，但是最高温度有所下降（表 3-7）。

表 3-7　生产井注入不同添加剂时的最大温度

不同添加剂	蒸汽	蒸汽 + 降黏剂	蒸汽 + 氮气	蒸汽 + 降黏剂 + 氮气
温度（℃）	242	234	235	224

环空注氮气，可以改善隔热效果，提高井底蒸汽干度，降低套管温度，保护套管。

氮气在油藏中可降低油藏岩石导热系数，降低薄层超稠油油藏沿上部盖层的热量损失，提高蒸汽热量的利用率。

将蒸汽与氮气混合注入地层，蒸汽腔形成后，由于氮气的密度低而趋于向蒸汽腔上部运动，因此，在整个蒸汽腔向上运动的动态平衡过程中，氮气始终在上部占有优势。可以认为，蒸汽腔上部的多孔介质中较大部分为氮气饱和，氮气饱和的岩石其导热系数低于湿蒸汽饱和的岩石，这样就相当于在湿蒸汽与蒸汽腔外部的冷油藏之间加了一层隔热层，从而阻止了热量向上部的传递，使得湿蒸汽所携带的大部分热量用来加热水平方向的油层，从而加速了蒸汽腔横向扩展。另外，由于氮气的热容远比水蒸气小，而水蒸气还含有相当数量的汽化潜热，所以总的说来，相同体积的湿蒸汽的携热量比湿蒸汽与氮气的混合气体大，在与蒸汽腔顶部冷油层接触过程中，其温度快速降下来。在以上两方面的综合作用下，蒸汽中混入氮气，蒸汽的波及范围会更广。

根据物理模拟实验以及现场生产中各参数的作用结论，结合数值模拟热力复合采油机理研究结果，在注入过程中，氮气和蒸汽推动降黏剂注入油层，降低近井地带黏度，氮气分布范围最广，降黏剂次之，蒸汽分布于近井地带；焖井过程中氮气"隔热被"聚集在油层顶部阻止向上部岩石散热，降低热损失，蒸汽进一步加热油层；回采过程中初期压力高，冷凝水、氮气混合驱动冷凝水和热油采出；后期压力降低，氮气膨胀辅助驱动冷凝水和热油采出（图 3-33）。

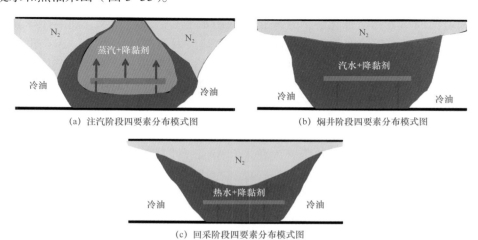

(a) 注汽阶段四要素分布模式图　　　　　(b) 焖井阶段四要素分布模式图

(c) 回采阶段四要素分布模式图

图 3-33　热力复合采油吞吐不同阶段四要素作用模式图

根据 200℃下填砂管物模驱替实验，通过水平井技术和油溶性降黏剂技术的协同作用，降低注汽压力，提高蒸汽比容，扩大加热体积和热焓利用率；通过油溶性降黏剂、氮气的协同作用，降低原油黏度，增加了原油的流动性和驱动能量，提高了驱替效率。蒸汽 + 氮气驱提高驱替效率 6.8%，蒸汽 +5% 降黏剂驱提高驱替效率 10.4%，蒸汽 + 氮气 +5% 降黏剂驱提高驱替效率 21.3%，蒸汽 + 氮气 + 降黏剂提高的驱替效率比单独加氮气和单独加降黏剂提高驱替效率之和还要大（图 3-34）。通过氮气和蒸汽的协同作用，起到很好的隔热作用，减小井筒热损失，氮气在油层中运移可以产生上超作用，阻止了蒸汽的超覆作用，提高了蒸汽的利用效率，高压压缩后的氮气在生产过程中会产生较强的弹性能量，成为浅层超稠油油藏重要的原油驱动力之一。四要素协同增效，实现了浅薄层稠油的高效动用。

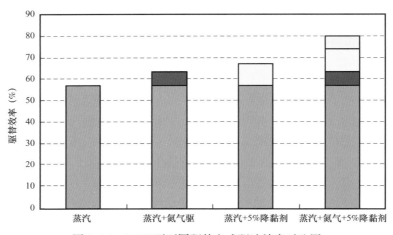

图 3-34　200℃下不同驱替方式驱油效率对比图

四、深层超稠油二氧化碳强化热力开发机理

深层超稠油二氧化碳强化热力开发技术利用水平井泄油面积大、油溶性降黏剂降黏能力强，二氧化碳溶解降黏能力强且能大幅扩大热波及范围的能力[5]，组合出了油溶性降黏剂和二氧化碳辅助水平井蒸汽吞吐（HDCS）的开发新模式。利用多剂协同降黏、热动量传递及增能助排作用，降低注汽压力、扩大波及范围，实现深层超稠油油藏有效开发的技术。

1. 协同作用机理

深层超稠油二氧化碳强化热力开发技术利用油溶性复合降黏剂、二氧化碳和蒸汽的物理、化学特性，通过三种物质的复合降黏和在油层横向及垂向的混合传质作用，在保护油层和有效改善近井地带渗流条件的基础上，将油溶性复合降黏剂、二氧化碳和蒸汽以顺序段塞的形式注入地层，强化水平井热采效果，实现原油黏度在 200000mPa·s 以上、埋深达 1400～1500m、深层超稠油油藏的有效开发动用。

深层超稠油二氧化碳强化热力开发技术主要机理包括四个方面：一是油溶性复合降

黏剂、超临界 CO_2 和蒸汽的协同降黏作用；二是油溶性复合降黏剂、$ScCO_2$ 和蒸汽的混合传质作用；三是增能助排作用；四是防乳破乳作用[6-7]。

1）协同降黏

SLKF 系列复合降黏剂、$ScCO_2$ 和蒸汽除了本身都具有很强的原油降黏能力，在三者以段塞形式注入地层及注汽过程中，相互协同，发挥协同降黏作用，表现出更加有效的降黏效果。

（1）$ScCO_2$ 对 SLKF 油溶性复合降黏剂的促进作用：在加入 $ScCO_2$ 的条件下，SLKF 油溶性复合降黏剂解聚能力提高，降黏效果提高。

（2）蒸汽对 SLKF 油溶性复合降黏剂的促进作用：随温度升高降黏效果增加；在较强剪切条件下（蒸汽注入过程中），SLKF 油溶性复合降黏剂对含水原油降黏效果大幅增加，含水大于 50% 后可形成水包油乳状液，进一步加大降黏效果。

（3）降黏剂活性成分对 $ScCO_2$ 的促进作用：降黏剂活性成分可以使 $ScCO_2$ 溶解及萃取能力呈级数增加，并使其黏度下降、表面张力下降，提高了其降黏效果和扩散能力。同时，可以消除因 CO_2 破坏稠油体系造成的重质沉淀危害。

2）混合传质

油溶性复合降黏剂、$ScCO_2$ 和蒸汽在地层多孔介质中不断发生质量和能量转换。在此过程中，$ScCO_2$ 起着重要的纽带作用，尤其在水平井条件下，混合传质作用的优势更为明显。

（1）超临界流体兼有液体和气体的双重特点，如黏度小、扩散系数与密度大、良好的溶解性和传质特性等。影响 $ScCO_2$ 萃取的因素有夹带剂、压力、溶质分子量或粒度、体积比等。前文已经介绍了复合油溶性降黏剂组分作为夹带剂的作用。压力增加，可使 $ScCO_2$ 的萃取能力增加；原油中的轻质组分分子量越小，其萃取能力越大；CO_2 与萃取物质的体积比愈大，则萃取量越大。

（2）当 CO_2 从油藏温度加热到 300℃，溶解度下降 60%～80%，析出的 CO_2 携带从原油中萃取出的轻组分并与油溶性复合降黏剂一起快速向地层内部扩散，大大提高了降黏范围。

（3）CO_2 稠油中的溶解度对温度、压力极为敏感，溶解度降低使析出的 CO_2 携带热量快速扩散，并因重力分异作用产生对流，大大提高了蒸汽热传递效率。

3）增能助排

（1）注汽过程中超覆的混合气在油层顶部富集，形成了隔热带，降低了蒸汽热损失，同时在回采期间可以提供驱动力和溶解降黏，这一传质机理对薄层特超稠油油藏热采有至关重要的意义。

（2）$ScCO_2$ 溶于原油使原油体积膨胀 10%～30%，在为原油流动提供驱替动力的同时也增加了采收率。

4）防乳破乳

油溶性复合降黏剂和 $ScCO_2$ 除自身均具有较强的防乳破乳性能外，它们的相互协同作用也大大提高了防乳破乳性能。

（1）油溶性降黏剂中的防乳化添加剂能使 $ScCO_2$ 在原油中的萃取能力呈级数增长，从而大大提高了蒸汽前缘轻组分含量，而蒸汽前缘轻组分、$ScCO_2$ 和降黏剂的存在将有效避免前缘乳化带的形成。

（2）回采过程的温度、压力下降增强了原油乳化性能，但 $ScCO_2$ 和油溶性降黏剂的不断扩散和溶解消除了原油乳化的形成，并极大程度地提高了原油的流动性。

协同作用实现了如下目标。

（1）大幅度降低近井地带原油黏度——降低注汽启动压力。

先期注入的油溶性复合降黏剂和 $ScCO_2$ 对水平井近井地带和中距离地带的特超稠油有效降黏，在注完 CO_2 焖井期间，由于近井地带温度的回升，CO_2 由液态转化为超临界状态，其良好的传质作用在扩大自身降黏范围的同时，也扩大了降黏剂的降黏范围、提高了降黏效果。根据数模研究结果，二者的协同作用在水平井 3m 半径内使原油黏度下降到几百甚至几十毫帕秒，从而为降低注汽启动压力提供了条件。现场试验证明，先期注入的降黏剂和 $ScCO_2$ 可降低注汽启动压力 2MPa 以上。

（2）大幅度扩大热波及范围和前缘低黏区——确保注汽质量。

提高注汽质量是深层超稠油二氧化碳强化热力开发技术的关键环节。在此阶段内，协同降黏与热动量传递共同作用，实现了滚动降黏和高效传热。

开始注汽后，井筒附近地层温度迅速上升，$ScCO_2$ 的溶解度急剧下降，析出的 $ScCO_2$ 携带降黏剂迅速向外扩散，并在蒸汽未到达的前缘区域溶解降黏。与此同时，其携带的来自近井地带高温区的热量在其扩散途中释放，进一步降低热力前缘的原油黏度。而地层温度的上升，又导致蒸汽前缘 $ScCO_2$ 溶解度下降，饱和 CO_2 的范围进一步扩大。在 $ScCO_2$ 与降黏剂不断溶解—析出—扩散—再溶解依次前推的过程中，由于两者的协同作用，$ScCO_2$ 的萃取能力大幅度提高，超稠油中的轻质组分不断被萃取并上移。在其运移过程中产生扰动搅拌作用，使油溶性降黏剂和 CO_2 的降黏作用进一步扩大，同时也使得热量的传递更加充分。随着 $ScCO_2$ 萃取作用的不断进行，轻烃组分持续增加，当 CO_2 及轻烃组分聚集在油层顶部时，由于其导热系数远远低于泥岩，所以起到了良好的隔热作用，降低了热损耗。

随着注汽的持续，热波及范围逐步扩大，热蒸汽与油溶性降黏剂和 $ScCO_2$ 的协同降黏形成接替，从而形成了高温蒸汽区→高温热水 + 饱和 CO_2 + 降黏剂低黏区→低温水 + 饱和 CO_2 + 少量降黏剂低黏区→不饱和 CO_2 区的依次递进。确保了注汽过程的高质量。

此外，$ScCO_2$ 的强扩散性和低表面张力对水平井起到了自均衡调整吸汽剖面的张力[8]。常规水平井开发，受末端效应的影响，水平段根部动用程度往往要比趾部动用高。而依据郑 411–P59 水平井温度、压力监测数据（图 3–35），注入 $ScCO_2$ 时，随着 $ScCO_2$ 注入量的不断增加，水平井段自根部到趾部由于温度降低均会相继退出超临界状态，而水平井趾部受地层温度影响，将会长时间保持或一直保持在超临界状态。由于 $ScCO_2$ 不论是表面张力还自扩散系数都是液态的 3～4 倍（图 3–36），因此，注入 $ScCO_2$ 的过程实质就是 $ScCO_2$ 主要吸收区域由水平井根部向趾部逐步转移的过程，而水平井趾部的 CO_2 会因长时间处于超临界状况而大大提高了吸汽能力，从而提高水平井均匀动用程度。

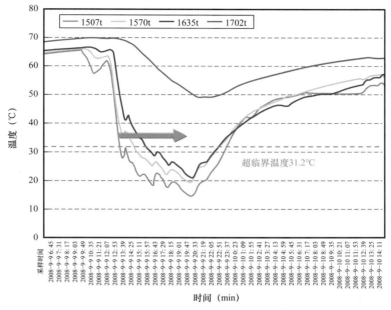

图 3-35 郑 411-P59 井注 CO_2 水平段测温曲线

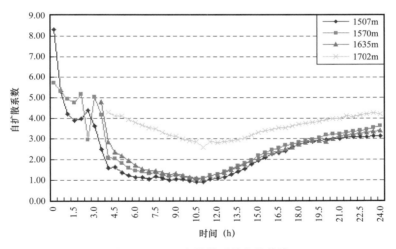

图 3-36 CO_2 自扩散系数变化曲线

（3）大幅度改善地层及流体的渗流能力——提高回采能力。

回采过程中，混合气顶弹性驱动减缓了地层压力的下降。同时，随着温度、压力的降低，混合气顶又溶解于原油中，起到降黏作用，有利于原油回采，这一点对于薄层油藏尤为重要。同时，CO_2 溶于水和原油中，弱酸环境下不但抑制了黏土膨胀，还部分溶解碳酸盐，提高了地层渗透率。

2. 深层超稠油二氧化碳强化热力开发技术注采特征

深层超稠油二氧化碳强化热力开发技术的复合降黏和混合传质作用在水平井不同生

产阶段，表现出不同的驱替特征和生产特点。

1）注汽前

注汽前注 CO_2 和油溶性复合降黏剂。注入油溶性复合降黏剂和 CO_2 过程中水平井近井地带超稠油充分降黏，降黏率达到98%以上。降黏剂和 CO_2 聚集在井眼周围，形成高浓度富集区。

注完 CO_2 焖井期间，近井地带温度回升，CO_2 析出并膨胀，由于原油—CO_2—降黏剂传质作用，CO_2 向油层顶部和两侧扩散，同时也扩大了降黏剂的作用范围。由于 CO_2 的导热系数 [5.421kJ/（m·d·℃），14MPa，60℃] 低于泥页岩的导热系数 [150kJ/（m·d·℃）]，因此泥页岩隔层起到了隔热、降低蒸汽热损失的作用，导致部分 CO_2 在油层顶部富集。

2）注汽初期

随着蒸汽的初期注入，水平井近井地带因高热焓值蒸汽的注入，温度快速升高，CO_2 溶解度下降70%以上，CO_2 大量析出并快速膨胀。在这一阶段，CO_2 和油溶性复合降黏剂的波及范围迅速扩大。

注入蒸汽前，由于水平井近井地带的超稠油黏度大大降低，注汽启动压力降低。在郑411块等几个典型深层超稠油油藏，现场的注汽启动压力与实施二氧化碳复合降黏前相比，由大于20MPa下降到16~17MPa（图3-37）。低注汽压力和高注汽速度（表3-8）增加了蒸汽热焓值和井底注汽干度。现场井下四参数测试仪测试结果表明，井底注汽干度达到20%以上。

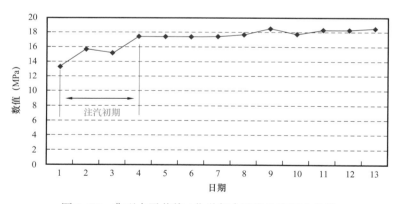

图3-37　典型水平井热/化学复合开发注汽压力曲线

表3-8　不同热采工艺注汽参数对比

热采工艺	注汽启动压力（MPa）	注汽干度（%）	注汽速度（t/h）
常规吞吐	>20	<60	6~6.5
热/化学复合吞吐	16~17	>70	9~10

3）注汽过程

随着蒸汽的不断注入，在混合传质作用下，一方面扩大了蒸汽、CO_2、降黏剂的波及范围，提高了降黏效果；另一方面，CO_2与原油及蒸汽因密度差异，在重力分异作用下，形成热对流，提高换热效率。在这一阶段，注汽剖面的蒸汽、热水、冷水及前缘带稳定扩大和前移。这一阶段，注汽压力保持平稳的趋势。另外，析出后未溶解的CO_2继续向油层顶部富集。

4）焖井阶段

水平井焖井过程中，在温差作用下，蒸汽、CO_2、油溶性复合降黏剂和原油之间的传质作用使蒸汽的热量得到充分交换，加热带边界快速推进，并逐步趋于平衡，蒸汽带、热水带和冷水带等相带边缘稳定，形成较高温度、较高压力的低黏度区（图3-38）。

5）回采阶段

回采过程中，由于低黏区范围较常规吞吐大幅增加，加之CO_2受压力变化的影响，初期为气顶驱动，随着压力的降低，气顶部分的$ScCO_2$与轻组分混合体系又逐渐溶解于原油中，不仅增加了原油向井筒流动的能力，又能依靠CO_2体积膨胀，驱替微小孔隙中的原油被采出，提高采出程度和产油量。

较高温度、较高压力、低黏度区

图3-38　注汽后焖井过程驱替特征示意图

由于水平井能减少因蒸汽超覆而带来的蒸汽被采出、热量损失的影响，地层温度和压力下降缓慢，油井周期生产时间延长。溶解CO_2后具有弱酸性的地层水和冷凝水，能溶蚀黏土和孔隙填隙物，改善孔隙渗透性，提高回采水率。同时，二氧化碳的增能气驱作用，也大大降低了举升工艺的配套难度。

回采阶段，水平井表现出的生产特征是周期生产时间长、周期产油量高、油汽比高和初期含水高、回采水率高。

6）油藏中流体分布模式

由于作用机理和驱替特征不同，注采过程中的流体和温度分布范围也不同。

在常规特超稠油蒸汽吞吐过程中，尤其当油层埋藏深、地层原油黏度高时，井底注汽干度低，蒸汽热焓值低，在蒸汽向油层深部推进时，如果地层原油没有充分降黏，蒸汽驱替压差损失快，热量快速交换，蒸汽带、热水带和前缘冷凝带范围较小。热采井基本剖面模型：四个区带：蒸汽带→热水带→前缘带→原始地层冷油带；温度变化：>280℃→280～100℃→<100℃→地层。

应用热/化学复合开发技术的油井，由于油溶性复合降黏剂、CO_2和蒸汽的复合降黏及混合传质作用，地层原油降黏效果好，降黏范围大，蒸汽的波及体积大幅增加，纵向动用程度高。因此，与常规吞吐相比，蒸汽带、热水带和前缘带温度下降趋势变缓，范围扩大。

第二节　吞吐后期热／化学复合提高采收率机理

一、化学剂／油藏流体相互作用机理

1. 油藏流体对泡沫性能影响

1）硬度对泡沫体系的影响

固定模拟地层水矿化度 5162mg/L，分别配制硬度为 40mg/L、80mg/L、120mg/L、160mg/L、200mg/L、240mg/L 的模拟地层水，用该地层水分别配制 0.5% 的泡沫剂溶液，搅拌法测其性能。当地层水硬度高于 120mg/L 时，泡沫体系界面开始变得不明显；硬度高于 160mg/L 时，地层水与泡沫剂配伍性较差；硬度 240mg/L 的地层水加入泡沫剂后有沉淀析出。由以上数据得地层水硬度与泡沫稳定性、半衰期关系（图 3-39）。

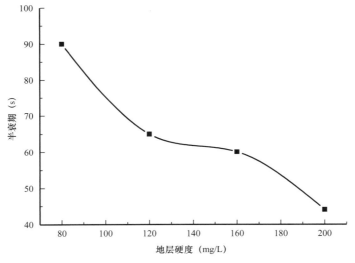

图 3-39　地层水硬度对泡沫稳定性的影响

随着地层硬度的增加，泡沫的稳定性下降，半衰期减短。泡沫体系的发泡体积也随着地层硬度的增加而下降。

2）地层矿化度对泡沫体系的影响

固定模拟地层水硬度为 78mg/L，分别配制矿化度为 4000mg/L、6000mg/L、8000mg/L、10000mg/L、20000mg/L、30000mg/L 的模拟地层水。用该地层水分别配制 0.5% 的泡沫剂溶液。搅拌法测量泡沫剂溶液的性能。

地层水矿化度为 20000mg/L 时与泡沫体系配伍性降低，搅后有固体不容物析出，析出液分为三层，中间层为析出的泡沫剂。矿化度升至 30000mg/L 时，加入泡沫剂有沉淀析出。随着地层水矿化度的升高，泡沫稳定性下降；地层矿化度越高，发泡体积越小（图 3-40、图 3-41）。矿化度高至 20000mg/L 后地层水与泡沫剂配伍性不好。

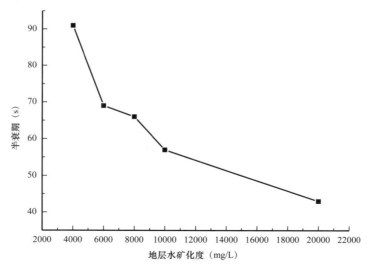

图 3-40　地层矿化度对泡沫稳定性影响

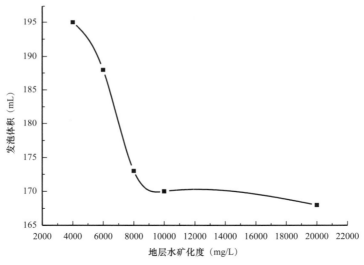

图 3-41　地层矿化度对发泡性能的影响

3）稠油重组分、轻组分对泡沫性能影响

用模拟地层水配制 0.5% 的泡沫剂溶液，将汽油和柴油按 1：1 混合后，按泡沫剂的 10%、15%、20%、25%、30%、50% 的比例加入泡沫体系，65℃下搅拌法测其泡沫稳定性。

用模拟地层水配制 0.5% 的泡沫剂溶液，按泡沫剂的 10%、15%、20%、25%、30%、50% 的比例加入柴油，65℃下搅拌法测其泡沫稳定性。

轻、重组分对泡沫发泡性能、稳定性的影响如图 3-42 所示。由图可知：轻组分对发泡体积影响很大，随着其加量的增加，发泡性能越来越差；重组分对泡沫体系的发泡能力具有促进作用，但发泡性能变化不大；轻、重组分对泡沫稳定性均起抑制作用，轻组分影响更大。

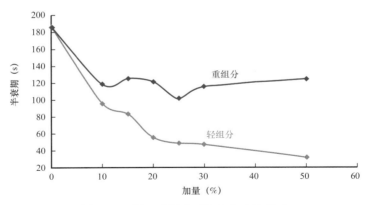

图 3-42　轻、重组分对泡沫稳定性影响

2. 驱油剂 / 泡沫相互影响

1）驱油剂对泡沫的影响

65℃下，用模拟地层水配制 0.5% 的泡沫剂溶液，用蒸馏水配制 0.5% 的驱油剂溶液，分别加 0.1mL、0.2mL、0.3mL、0.4mL、0.5mL 驱油剂溶液，65℃下搅拌法测其泡沫性能（图 3-43）。由图可知：在使用浓度范围内，驱油剂对泡沫的性能没有不利的影响。

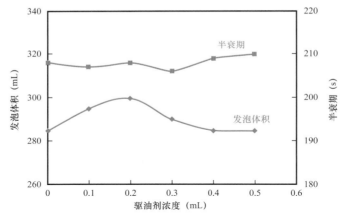

图 3-43　驱油剂对泡沫性能影响（65℃）

2）泡沫对驱油剂的影响

在过热水（$T=110℃$）作用条件下，V（驱油剂）$=0.3\%$，泡沫剂浓度为 0.5%、1%、2% 时对驱油剂降低稠油界面张力的影响进行测定，结果如图 3-44 所示。由图可知：低浓度条件下，泡沫剂浓度增加对界面张力的影响不大。

3. 热 / 驱油剂对油水两相渗流影响

流体饱和度分布和流动通道与岩石孔隙大小分布直接有关，因而反映岩石中各相流动阻力的相对渗透率也必然受其影响。当驱油剂通过多孔介质驱油时，会在孔道表面上形成稳定的吸附层（具有微米级的水动力学尺寸，与岩石的平均孔喉半径接近），并由于水动力学捕集和机械捕集作用，增强了岩石的水湿程度，使更多的残余油流动，在一定程度上改善了岩心的微观波及效率。图 3-45 为界面张力对油水相对渗透率的影响，图中曲线分别为水驱（120℃）和不同界面张力油水相对渗透率曲线，可以看出，驱油剂的加入明显降低了残余油饱和度，增大了两相流动区，但对束缚水饱和度影响不大；界面张力越低，两相流动区越大，残余油饱和度越低，等渗点所对应的含水饱和度越高，说明岩石向水湿方向偏转。因此，驱油剂的加入能够有效提高原油采收率。

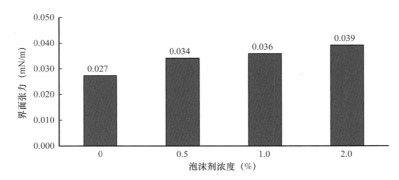

图 3-44　泡沫剂浓度对驱油剂界面张力的影响

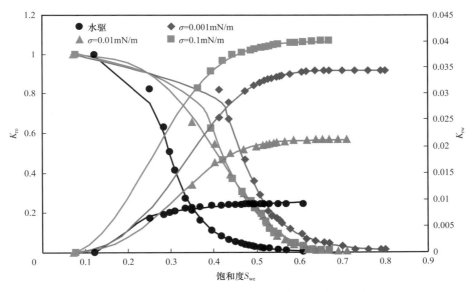

图 3-45　驱油剂驱油水相对渗透率曲线（120℃）

1）对束缚水饱和度影响

由不同温度下界面张力和束缚水饱和度关系曲线可知（图 3-46）：界面张力降低，束缚水饱和度下降，降低到 0.01 以下后影响变小；温度升高，束缚水饱和度升高；界面张力越小，温度影响越大。

2）对残余油饱和度影响

由不同温度下界面张力和残余油饱和度关系曲线可知（图 3-47）：界面张力下降，残余油饱和度降低；温度升高，残余油饱和度降低；温度越低界面张力对残余油饱和度的影响越大；相同温度条件下，界面张力的降低会导致残余油饱和度的大幅降低，其中远井冷油带（65℃）及热水带残余油饱和度降低幅度最大，这说明驱油剂仍然能够大幅提高冷—热水带驱油效率。

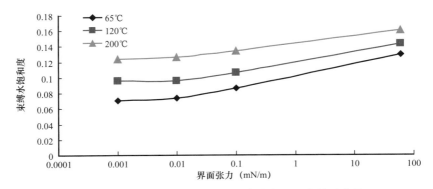

图 3-46　不同温度下界面张力和束缚水饱和度关系曲线

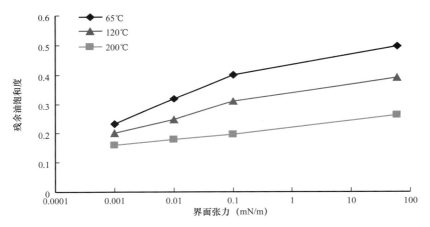

图 3-47　不同温度下界面张力和残余油饱和度关系曲线

3）对水相渗透率端点值影响

由不同温度下表面张力和水相渗透率端点值关系曲线可知（图 3-48）：随着界面张力的变化，水相相对渗透率端点值变化不大；随着温度的升高，水相相对渗透率端点值升高。

二、化学剂 / 蒸汽复合增效作用机理

1. 泡沫剂 / 热复合增效

在汽驱过程中添加泡沫，可以大幅度提高蒸汽前缘的稳定性，达到大幅度提高波及系数的目的。泡沫是一种高黏度流体，降低了驱替剂的流度。泡沫具有"堵大不堵小"的功能，即泡沫优先进入高渗透大孔道，逐步形成泡沫堵塞，使高渗透大孔道中渗流阻力增大，迫使驱替剂更多地进入低渗透小孔道驱油。同时，泡沫还具有"堵水不堵油"

作用，即泡沫遇油消泡、遇水稳定，从而迫使驱替剂更多地进入含油饱和度较高的地区。所以，氮气泡沫能有效地防止驱替剂的突进，提高波及系数，扩大蒸汽的加热体积。泡沫体系具有遇水起泡、遇油消泡的特点，利用这一特点，泡沫体系可以发挥选择性封堵的作用。实验结果显示，当残余油饱和度高于一定值时，泡沫体系难于形成较高的封堵压差，高温临界油饱和度为 0.25，低温时临界油饱和度为 0.30（图 3-49）。室内实验表明，蒸汽驱转泡沫蒸汽驱后，产生封堵作用，注入压力回升，含水出现下降漏斗。

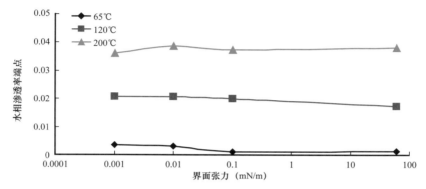

图 3-48　不同温度下表面张力和水相渗透率端点值关系曲线

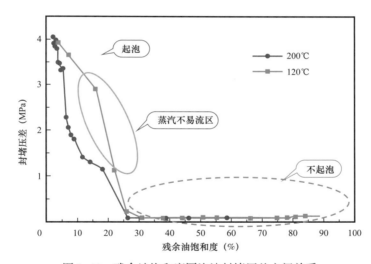

图 3-49　残余油饱和度同泡沫封堵压差之间关系

利用蒸汽驱双管实验和泡沫辅助蒸汽驱双管实验，对比两种不同方式下的驱油效果。实验中，气液比使用上述优化的最佳气液比 1∶1，泡沫剂使用浓度选择优化的 0.5%，注入倍数仍然为 0.5PV，转驱时机为高渗透模型蒸汽驱含水为 90% 左右。两种方式下驱油效率对比曲线如图 3-50、图 3-51 所示。

由图可知：泡沫辅助蒸汽驱效果好于单纯驱油剂辅助蒸汽驱实验效果；低渗透层得到了动用，低渗透层提高采出程度为 13.7%，明显高于高渗透层提高的采出程度。

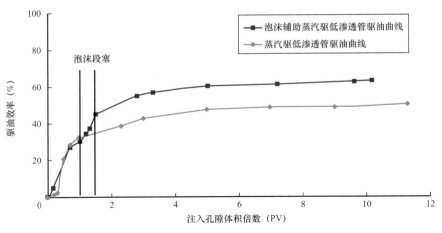

图 3-50　低渗透管驱油效率对比曲线

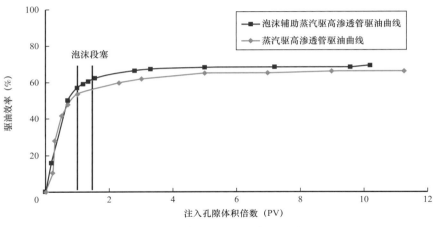

图 3-51　高渗透管驱油效率对比曲线

2. 驱油剂 / 热复合增效

高温驱油剂为一类具有高效性能表面活性剂，驱油过程中驱油剂的加入能够有效降低油水界面张力，降低残余油饱和度。

利用蒸汽驱双管实验和驱油剂辅助蒸汽驱双管实验，对比两种不同方式下的驱油效果。实验中，驱油剂浓度为 0.3%，注入倍数仍然为 0.5PV，转驱时机为高渗透模型蒸汽驱含水为 90% 左右。两种方式下驱油效率对比曲线如图 3-52、图 3-53 所示。

由图 3-51 可知：高渗透层驱油效率提高幅度高，驱油剂提高洗油效率的作用更多地发生在高渗透层。

3. 泡沫剂 / 驱油剂 / 热复合增效

胜利稠油采收率低（18.1%），意味着 80% 的剩余油未被采出，这些剩余油的分布规律与常规水驱相比存在较大的差异性。通过非达西渗流机理的研究和现场取心井资料的证实，揭示了稠油油藏水淹机制及剩余油规律，建立了不同类型稠油油藏剩余油分布模式，认识到稠油油藏剩余油分布"整体富集，条带水淹"。针对热水带及冷油带宽，驱油效率低，可以通过在汽驱过程中加入耐高温驱油剂，进一步提高波及区的驱油效率。针对蒸汽易汽窜，剩余油条带水淹的特点，通过加入高温泡沫体系，改善蒸汽的波及，提高波及体积。通过高干度注汽，泡沫堵调，驱油剂增驱的方式，实现稠油的有效驱替，即化学辅助蒸汽驱，采用以蒸汽、泡沫剂、氮气、驱油剂作为驱替介质的化学辅助蒸汽驱技术，是胜利油田深层稠油大幅度提高采收率的技术方向。

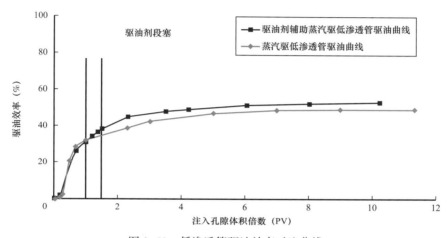

图 3-52　低渗透管驱油效率对比曲线

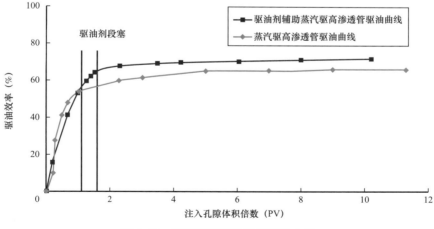

图 3-53　高渗透管驱油效率对比曲线

1）双管驱油实验

对比蒸汽驱、泡沫辅助蒸汽驱、驱油剂辅助蒸汽驱、化学蒸汽驱四种双管驱替实验（表 3-9）。由实验结果可知：相对蒸汽驱，驱油剂辅助蒸汽驱提高驱油效率 5.1%，泡沫辅助蒸汽驱提高驱油效率 8.1%，化学蒸汽驱提高驱油效率 14.6%，比二者的和增加 1.4%，泡沫 + 驱油剂辅助蒸汽驱实现了复合增效。

表 3-9　不同驱替方式驱油效率对比表

驱替方式	驱油效率（%）		
	低渗透管	高渗透管	综合
蒸汽驱	48.7	66.0	57.5
驱油剂辅助蒸汽驱	53.0	71.7	62.6
泡沫辅助蒸汽驱	62.4	68.5	65.6
化学蒸汽驱	68.4	75.3	72.1

2）二维平面模型驱油物理模拟实验

（1）直井组合（100m×141m）蒸汽驱实验。

先进行蒸汽吞吐，吞吐 + 汽驱采出程度为 35% 时，转为化学蒸汽驱，条件为 7MPa、蒸汽干度为 40%。实验现象如下：蒸汽驱初期，蒸汽带首先在注汽井附近形成，随着实验时间的延长，蒸汽向生产井方向拓展；开始注入蒸汽时，在井筒会损失掉一部分热量，使蒸汽凝结为热水，因此最先进入油层的是热水；随后是湿饱和蒸汽，湿饱和蒸汽进入油层后，由于油层原始温度为 65℃，比注入的蒸汽温度低得多，它也会变为热水；同时它会释放热量加热油层，使注汽井附近的地带温度不断升高，直到注汽井附近的油层温度与注入蒸汽的温度相等时，开始形成蒸汽带。地层压力 7MPa，注汽温度 270.0℃，蒸汽干度 40% 的条件下开展蒸汽驱，蒸汽带仅在近井地带形成，平面油层动用不均匀，驱替效果不理想（图 3-54）。

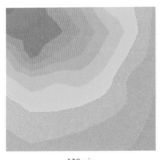 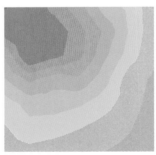

130min　　　　　　　330min　　　　　　　蒸汽驱

图 3-54　直井组合蒸汽驱不同时段温度场图

蒸汽吞吐采出程度 12.38%，蒸汽驱阶段采出程度 51.11%，最终采出程度 63.49%。从含水率曲线上看，转蒸汽驱后含水率有一个下降过程，但时间较短。然后就上升到90% 以上，并保持较长的时间。蒸汽完全突破后，含水高达 99% 以上，蒸汽驱阶段结束（图 3-55、图 3-56）。

（2）直井组合（100m×141m）化学蒸汽驱实验。

①温场发育特征。

直井组合（100m×141m）化学蒸汽驱实验中，在蒸汽中加入浓度为 0.5% 的泡沫剂，加入浓度为 0.3% 的驱油剂，汽液比为 1，随蒸汽混合连续注入。实验现象如下：加入化学剂后，由于驱油剂降低油水界面张力的作用，使得原油更易流动，蒸汽驱替效果更加显著；同时，由于泡沫剂的加入，克服了油层层内非均质性对蒸汽驱波及效果的影响，蒸汽驱波及体积扩大。由于以上蒸汽、驱油剂、泡沫剂等多种因素的作用，化学蒸汽驱从注入井到采油井井间形成连续的蒸汽带。地层压力 7MPa，注汽温度 285.9℃，蒸汽干度 40% 的条件下开展化学蒸汽驱好于单纯蒸汽驱（图 3-57）。

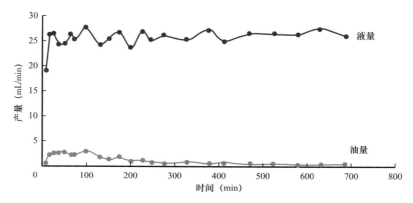

图 3-55 直井组合蒸汽驱产量曲线

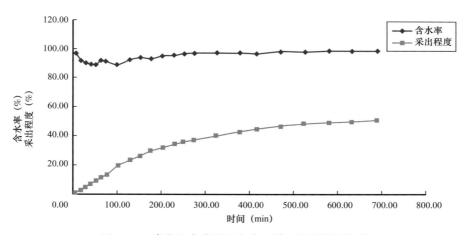

图 3-56 直井组合蒸汽驱含水、采出程度特征曲线

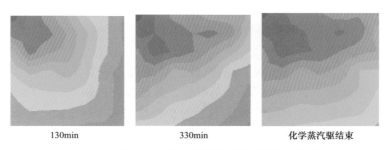

图 3-57 直井组合化学蒸汽驱不同时段温度场图

② 生产特征。

从动态曲线上看，转化学蒸汽驱后含水率下降，含水从 98% 最低下降到 85%，看出化学蒸汽驱明显降水增油效果（图 3-58、图 3-59）。

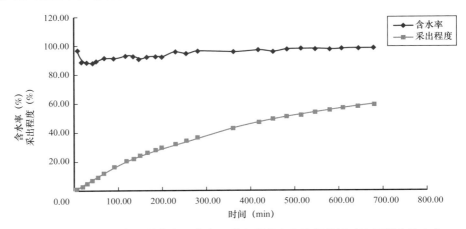

图 3-58　直井组合化学蒸汽驱含水、采出程度生产特征曲线（连续混合注入）

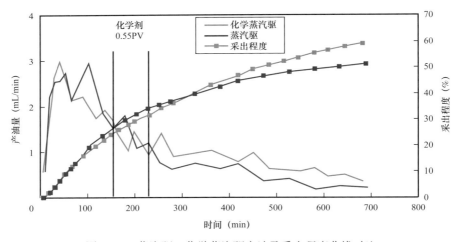

图 3-59　蒸汽驱、化学蒸汽驱产油及采出程度曲线对比

二维平面模型驱油实验结果表明：注入化学剂后，相对蒸汽驱，化学蒸汽驱明显产油量增加，采出程度提高 9.13%，起到控水增油的效果。

（3）二维可视化剖面模型驱油物理模拟实验

① 温度场发育特征。

由于注入蒸汽干度较低（40%），蒸汽腔扩展缓慢，具有蒸汽超覆的特征。总体上看，随着蒸汽的不断注入，蒸汽扩展成蒸汽带，并逐步向前推进。注入的蒸汽从注入井向生产井运动时，形成几个不同的温度带，主要有蒸汽带、热水带、油藏流体带。整个实验过程经历了热连通、蒸汽驱替、蒸汽突破三个阶段。注入泡沫剂有利于蒸汽腔的扩展（图 3-60）。

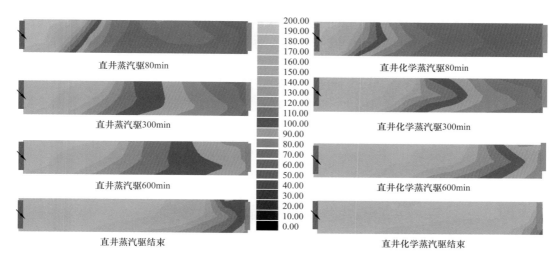

图 3-60　蒸汽驱、化学蒸汽驱温度场对比

② 生产特征。

吞吐后转蒸汽驱，含水率先下降（多轮次吞吐含水较高），然后上升。产油量总体上呈下降的趋势。注入化学剂含水下降，产油量升高。注入化学剂延长了较高产油量时间。

直井蒸汽驱阶段采出程度 55.39%，总采出程度 70.49%。直井化学蒸汽驱阶段采出程度 64.82%，总采出程度 79.77%。注入化学剂提高采出程度 9.28%。加入化学剂能够起到提高采收率的作用（表 3-10）。

表 3-10　可视化直井蒸汽驱与化学蒸汽驱效果对比

实验项目	采出程度（%）					总采出程度（%）	提高采出程度（%）
	吞吐阶段	汽驱阶段					
		80min	300min	600min	最终		
直井蒸汽驱	15.10	21.47	43.33	53.00	55.39	70.49	
直井化学蒸汽驱	14.95	20.00	46.93	62.40	64.82	79.77	9.28

第三节　稠油水驱转蒸汽驱提高采收率机理

一、水驱储层物性热效应

（1）温度升高，大幅度降低原油黏度。

稠油对温度敏感性强，从普通稠油黏温曲线来看，50℃地面脱气原油黏度为 4000mPa·s，折算地层原油黏度为 500mPa·s，当温度升高到 100℃，脱气原油黏度降至

100mPa·s，折算地层原油黏度为 20mPa·s。根据矿场开发实践，水驱稠油转热采后，由于原油黏度的降低，油井的产量会大幅升高。对于地层原油黏度为 500mPa·s 的水驱稠油，转热采后产量可提高 10 倍以上（图 3-61）。

（2）温度升高，消除启动压力梯度，提高波及体积。

在多孔介质条件下，随着温度的增加，启动压力梯度降低。其关系形态和黏温关系形态相似（图 3-62）。

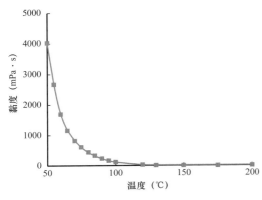

图 3-61　普通稠油（地面脱气）黏温曲线　　　　图 3-62　温度与启动压力梯度关系曲线

当温度升高到 100℃，普通稠油启动压力梯度被完全消除。启动压力的消除，有利于提高波及体积。利用数模研究原油黏度为 300mPa·s 的水驱普通稠油剩余油规律发现：受正韵律及重力分异作用，水驱油层底部水淹严重，上部剩余油富集，转蒸汽驱后，在蒸汽超覆作用下，动用油层顶部剩余油，波及系数能达到 90%，可比水驱提高近 50 个百分点（图 3-63）。

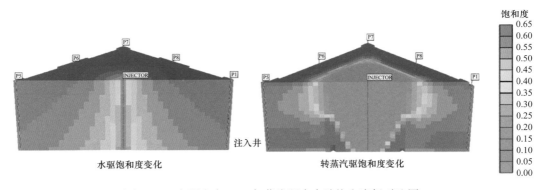

图 3-63　水驱含水 90% 与蒸汽驱末含油饱和度场对比图

（3）温度升高，提高驱油效率，降低残余油饱和度。

利用 5cm 小岩心进行了常温水驱、常温水驱至含水 90% 时转 280℃蒸汽驱驱油实验，对比两种驱替方式下的驱油效率，驱替至 10PV（10 倍孔隙体积）左右时，常温水驱的驱油效率为 38.0%，常温水驱转 280℃蒸汽驱的驱油效率为 69.8%，比常温水驱的驱油效率高 31.8%，提高驱油效率幅度较大（图 3-64）。

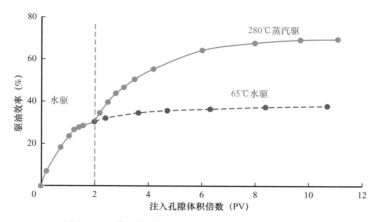

图 3-64 普通稠油不同开发方式驱油效率对比图

根据地层原油黏温曲线，配制了模拟地层含气原油，进行了不同温度的热水驱和蒸汽驱相渗实验研究（图 3-65），结果显示蒸汽（热水）驱过程中，随着温度升高，相渗曲线右移，残余油饱和度明显减小，从 65℃的 31.74% 降低到 280℃的 16.87%，油水两相渗流能力均增强，但从油水相对渗透率比值来看，油相渗流能力增强幅度高于水相渗流能力（图 3-66）。

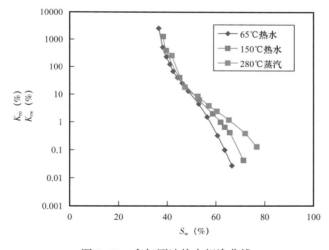

图 3-65 含气原油热水相渗曲线

（4）水驱高含水后，油藏热物性参数变化小，对热采影响不大。

以孤岛油田中二中为例，地下原油黏度为 300mPa·s，原始含油饱和度为 65%，计算含水 90% 时，油藏含油饱和度降为 55%，含水饱和度为 45%，仅增加 10 个百分点。

中 30—检 18 井岩心不同含水饱和度下油藏岩石的比热容、导热系数室内实验结果表明，相同温度下，随含水饱和度升高，岩石比热容、导热系数增加，但增幅较小。当温度为 200℃时，含水饱和度由 35% 增加到 45%，岩石比热容增加 1.11%（图 3-67），导热系数增加 4.12%（图 3-68）。

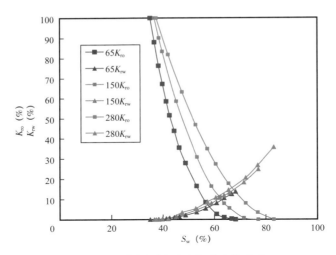

图 3-66　含气原油油水相渗比值曲线

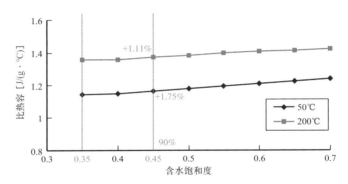

图 3-67　比热容与含油饱和度关系曲线

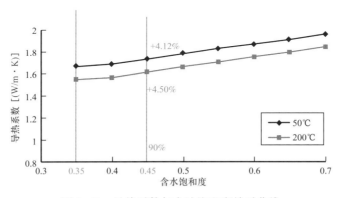

图 3-68　导热系数与含油饱和度关系曲线

　　计算水驱后不同含水饱和度下油藏热容，当含水饱和度从 30% 增加到 45%，60℃的油藏热容增加 4.36%，260℃时仅增加 2.62%（图 3-69）。说明油藏的吸热量随含水饱和度的增加变化不大，在高温下变化更小，对转热采后注入蒸汽热量的利用影响小。

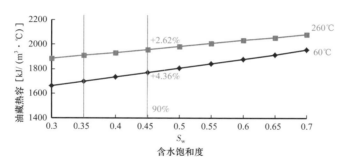

图 3-69 不同含水饱和度下油藏热容

二、水驱后蒸汽驱机理

胜利水驱稠油油藏埋深 1200～1600m，地层压力一般在 10MPa 以上，而传统蒸汽驱要求地层压力低于 5MPa[9]。在高地层压力下，如何实现有效蒸汽驱。

通过研究压力和干度对蒸汽腔大小、热焓以及蒸汽驱效果的影响程度，创新提出高压力条件下提高蒸汽干度可实现有效蒸汽驱。

1. 高压下蒸汽物理性质

（1）高压下提高蒸汽干度，可保证比容（蒸汽腔）与低压低干度相当。

当压力为 5MPa，蒸汽干度为 0.4 时，蒸汽比容为 16.55L/kg，而当压力为 7MPa，干度为 0.6 时，蒸汽比容为 16.96L/kg，比 5MPa，0.4 干度时比容提高了 2.5%（图 3-70）。

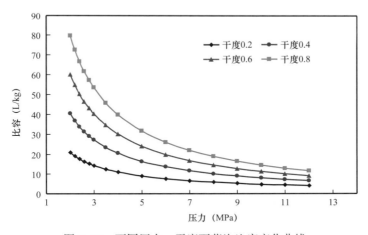

图 3-70 不同压力、干度下蒸汽比容变化曲线

（2）提高蒸汽干度，蒸汽热焓大幅增加。

当压力为 5MPa，蒸汽干度为 0.4 时，蒸汽热焓为 1810kJ/kg，而当压力为 7MPa，干度为 0.6 时，蒸汽热焓为 2170kJ/kg，比 5MPa，0.4 干度时热焓提高了 20%（图 3-71）。

因此，在高压下，通过提高干度可以获得与低压低干度下相同的比容和更高的热焓。

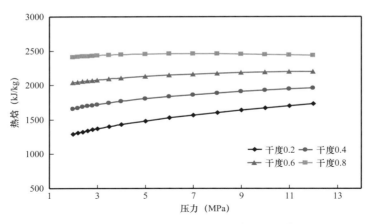

图 3-71　不同压力、干度下蒸汽热焓变化曲线

2. 高压下转蒸汽驱效果

1）建立二维比例物理模型

二维比例物理模型有可视化模型（图 3-72）、高压模型（图 3-73），其主要技术指标见表 3-11。

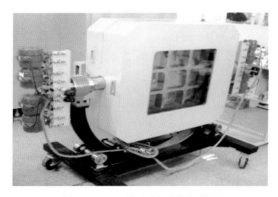

图 3-72　二维比例可视化模型

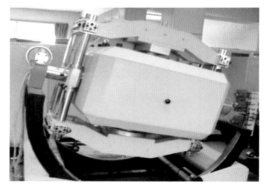

图 3-73　二维比例高压模型

表 3-11　模型本体主要技术指标

名称	模型规格（mm×mm×mm）	压力（MPa）	温度（℃）		井网方式
			注入介质	保温套	
可视化模型	500×500×40	0.7	160	60	九点、五点、七点
高压模型	500×500×40	10	300	120	九点、五点、七点

依据中二中油层物性参数，对注采井距、油层厚度、生产时间等进行了模型的比例参数模化（表 3-12）。

（1）模型结构。

纵向非均质模型：一注一采，模拟注采井间的剖面（图 3-74）。

表 3-12 物理模型比例模化参数

参数名称	单位	原型值	模型值
注采井距	m	141	0.5
油层厚度	m	12.57	0.0446
渗透率	D	1.605	405.83
孔隙度	%	30	33.98
热扩散系数	m²/s	6.45×10^{-7}	5.79×10^{-7}
原油黏度（50℃）	mPa·s	3500	3500
原油密度	kg/m³	968.6	968.6
含油饱和度	%	61	75
初始油藏温度	℃	65	65
初始油藏压力	MPa	12.3	10
时间		1a	7.6min
注入量		200m³/d	1.8L/h

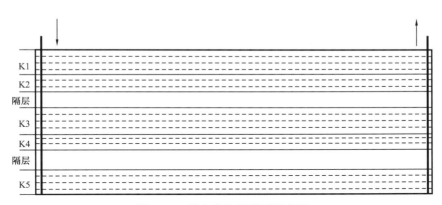

图 3-74 纵向非均质模型示意图

平面均质模型：一注三采，模拟九点井网的 1/4（图 3-75）。模型尺寸 50cm×50cm×4.0cm。

（2）模拟层参数。

各模型参数见表 3-13、表 3-14。

（3）模型内壁的处理。

模型的底部、四周安装耐压、高温隔热板进行保温隔热。

（4）井管、热电偶的安装。

井管采用 φ6 不锈钢管线，在油层部位割缝模拟现场井

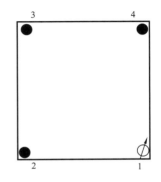

图 3-75 平面均质模型示意图

的射孔段。纵向非均质模型共有 7 个模拟层，布置热电偶 7 层，每层 17 个，共计 119 个。平面均质模型模拟单一渗透率带，布置热电偶 9 行 12 列，共计 108 个。

表 3-13　纵向非均质模型参数

分层	实型		模型	
	厚度（m）	渗透率（mD）	厚度（cm）	渗透率（D）
K1	3.1	1966	1.1	497.23
K2	2.6	1889	0.92	477.76
隔层	2.9		1.03	
K3	1.87	1166	0.66	294.9
K4	2.3	1456	0.82	368.24
隔层	2.1		0.74	
K5	2.7	1546	0.96	391.01
合计	17.57		6.23	

表 3-14　平面均质模型参数

实型渗透率（mD）	模型渗透率（mD）
1546	391.01

（5）模型装填。

装填模型前，需配制满足要求的模型砂，用不同粒度的砂进行配比，使其渗透率与模化计算渗透率的数值相等。模型砂是经过酸处理的粒度均匀的压裂砂，在单管模型中采取注水沉降法装填，然后烘干测定其空气渗透率。装填模型时，同样采取注水沉降法。模型装好后，上紧上盖板。注水试漏，试压高于最高试验压力 2MPa，1h 压力不降为合格。

2）实验过程

将模型调成实际油层位置放置，接入饱和油流程。将实验用油以恒定的低速注入模型进行油驱水建立束缚水，同时在各个泄流口计量被油驱出的水量。为了使饱和充分、均匀，观察油界面的推进程度，调整饱和油入口阀门的开启程度，使油界面均匀推进。也可以通过切换不同位置的泄流口，使得饱和油均匀充分。直到出口均无水流出且压差稳定后，计量流出的总水量，计算模型的原始含油饱和度和束缚水饱和度（表 3-15）。

水驱过程的模拟：模拟现场水驱过程，压力缓慢降至设计转蒸汽驱压力值，考核指标是采出程度接近 23%（表 3-16）。

模拟蒸汽驱过程，具体操作参数见表 3-17。

记录实验数据：（1）采用微机连续存储瞬时温度、压力数据；（2）采用人工方式记录瞬时产油量、产水量；（3）可视化实验时采用数码设备摄录整个实验过程。

表 3-15 模型初始化条件数据

序号	原型温度（℃）	模型温度（℃）	原型压力（MPa）	模型压力（MPa）	含油饱和度（%）
实验 1	65	65	12.3	10	75
实验 2	65	65	12.3	10	75
实验 3	65	65	12.3	10	75
实验 4	65	65	12.3	10	75
实验 5	65	65	12.3	0.6	75

表 3-16 水驱过程操作参数

序号	注水温度（℃）	水驱速度（mL/min）	初始压力（MPa）	水驱结束压力（MPa）
实验 1	65	15	10	7
实验 2	65	15	10	7
实验 3	65	15	10	5
实验 4	65	15	10	5
实验 5	65	15	0.6	0.5

表 3-17 蒸汽驱过程操作参数

序号	转驱压力（MPa）	注汽温度（℃）	注汽干度（%）	注汽速度（L/h）	生产压差（MPa）
实验 1	7	285.9	10	1.8	0.039
实验 2	7	285.9	30	1.8	0.039
实验 3	5	264.0	40	1.8	0.039
实验 4	5	264.0	40	3	0.039
实验 5	0.5	151.9	40	1.8	0.039

3）实验结果

（1）纵向上水驱后转蒸汽驱蒸汽的波及规律。

实验开始注入蒸汽时，在井筒会损失掉一部分热量，使蒸汽凝结为热水，因此最先进入油层的是热水。随后是湿饱和蒸汽，湿饱和蒸汽进入油层后，由于油层原始温度为65℃，比注入的蒸汽温度低得多，它也会变为热水。同时它会释放热量加热油层，使注汽井附近的地带温度不断升高，直到注汽井附近的油层温度与注入蒸汽的温度相等时，开始形成蒸汽带。随着后续蒸汽的注入，在上部的较高渗透层（K1+K2）首先形成了蒸汽带，即注入的蒸汽优先进入高渗透层，表现出蒸汽的超覆特性，蒸汽带逐渐向生产井扩展。由于纵向非均质程度不强，在三个渗透层（K1+K2、K3+K4、K5）蒸汽驱结束时均形成了蒸汽带，只是上部的较高渗透层（K1+K2）推进速度稍快一些。在此过程中，从注汽井到生产井的方向上，形成几个不同的温度带。靠近注汽井的是蒸汽带，蒸汽带后面是凝结热水带，热水带的后面是冷水带，冷水带的后面是原始温度带。从不同压力、不同干度下蒸汽驱结束的温度场（图3-76）看，转驱压力由7MPa降到5MPa，干度由10%提高到40%后，蒸汽带形成的时间缩短，蒸汽带扩展距离明显变大，接近井距的近1/2，油层温度整体上明显升高，在实验条件下，蒸汽带仍然没有扩展到生产井。

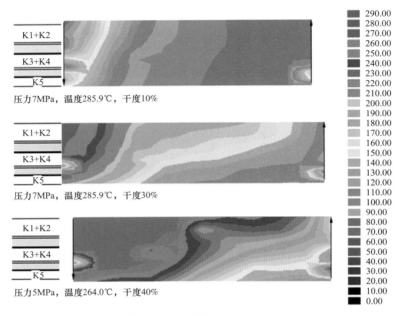

图3-76　蒸汽驱结束温度场

为了直观显示蒸汽驱过程中蒸汽带的形成和发育特点，通过可视化物理模拟对转蒸汽驱（压力0.5MPa、注汽温度151.9℃、蒸汽干度40%）的实验进行数码设备拍照和录像。

根据试验观察，纵向上温度场图变化与其他三个实验相似，在三个渗透层（K1+K2、K3+K4、K5）都形成了蒸汽带，并逐步向前推进，上部的较高渗透层（K1+K2）蒸汽带推进速度快一些，蒸汽带动用程度好，通过注汽井附近的放大图片（图3-77）可以看出蒸汽带残余油饱和度很低，露出了油层砂的本色。蒸汽驱结束时温度场（图3-78）中的蒸汽带没有明显增加，说明蒸汽驱的压力并不是越低越好，应该考虑蒸汽的汽化潜热选择合理的蒸汽驱压力。

（2）平面上水驱后转蒸汽驱蒸汽的波及规律。

实验开始注入蒸汽后，油层温度逐渐升高。当注入蒸汽量（水当量）达到1.2PV时，蒸汽在平面上不断扩展形成蒸汽带。蒸汽带的扩展较为均衡，向距离较近的两口生产井（边井）的方向扩展较快，向距离较远的生产井（角井）的方向略慢。当蒸汽在边井突破后，蒸汽带向角井的方向扩展速度变得非常缓慢，甚至不再向角井的方向扩展，蒸汽波及体积小。关闭两口边井，继续蒸汽驱替，蒸汽带向角井的方向推进，蒸汽最终波及体积较大（图3-79）。

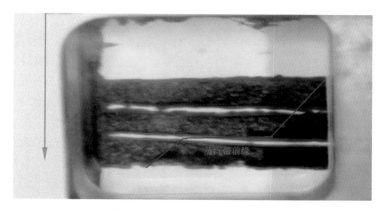

图 3-77　蒸汽带开始形成时的实物照片（注汽井局部放大）

图 3-78　可视化蒸汽驱结束温度场

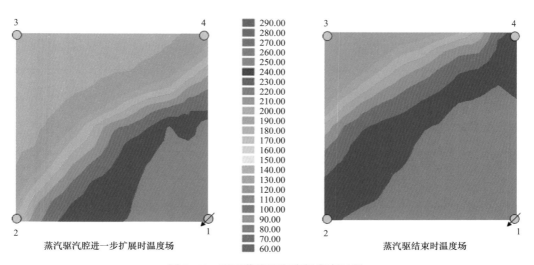

图 3-79　平面蒸汽驱温度场发育过程

　　纵向非均质条件下，开展了 4 个蒸汽驱物理模拟实验，实验条件及各阶段采出程度见表 3-18。由表 3-18 中的数据可以看出，随着转汽驱压力的下降、蒸汽干度的升高，蒸汽驱阶段采出程度升高。

在转汽驱压力相同的情况下，蒸汽干度由 10% 升高到 30%，蒸汽驱阶段采出程度提高了 3.19%。转驱压力由 7.0MPa 降低到 5.0MPa，蒸汽干度由 30% 升高到 40%，蒸汽驱阶段采出程度提高了 11.88%。说明蒸汽的干度对蒸汽驱开采效果影响较大，转蒸汽驱时地层压力不能过高，国内外蒸汽驱实验研究表明，转蒸汽驱时地层压力应小于 5.0MPa，蒸汽驱的蒸汽干度至少应大于 40%。转驱压力由 5.0MPa 降低到 0.5MPa，蒸汽驱阶段采出程度 45.09%，提高采出程度 3.69%，但总采出程度只提高 2.15%，说明蒸汽驱的压力并不是越低越好。根据水蒸气的热力学性质，温度 217.3～374.0℃ 范围内，对应的饱和蒸气压力为 2.20～22.0MPa，水蒸气汽化潜热逐渐降低。因此，必须选择合理的转蒸汽驱压力，使得水蒸气携带的热量尽可能得多，才能取得较好的蒸汽驱效果。

表 3-18 纵向非均质条件下蒸汽驱采出程度数据

	转汽驱压力（MPa）	蒸汽干度（%）	蒸汽温度（℃）	采出程度（%）		
				水驱阶段	汽驱阶段	合计
实验 1	7	10	285.9	22.1	26.33	48.43
实验 2	7	30	285.9	24.19	29.52	53.71
实验 3	5	40	264	20.67	41.4	62.07
实验 4	0.5	40	151.9	19.13	45.09	64.22

4）结果分析

受实验条件限制，为更好反映不同转驱压力和干度对采出程度的影响，利用数模技术模拟实验条件，对实验方案进行补充（表 3-19），共计 18 个方案。

表 3-19 数模补充物模方案表

蒸汽干度（%）	转汽驱压力（MPa）		
	5	7	9
10	√	※	√
20	√	√	√
30	√	※	√
40	※	√	√
50	√	√	√
60	√	√	√

注："※"为物理实验模拟方案，"√"为增加的数值模拟方案。

（1）水驱转蒸汽驱采收率大幅提高，但地层压力越高提高幅度越小。

当蒸汽干度 0.4、注入孔隙体积倍数为 4 时，在压力 9MPa 转蒸汽驱二维模型采收率可在水驱基础上增加26.2%，5MPa、7MPa转蒸汽驱分别比9MPa的采收率提高10.1%和4.0%（图3-80）。

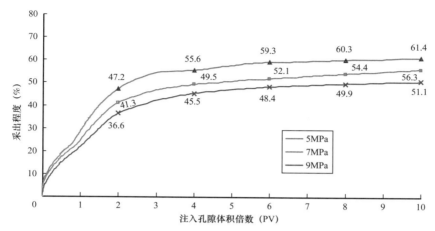

图3-80　蒸汽干度为0.4时水驱后不同压力转蒸汽驱的采出程度

（2）水驱转蒸汽驱蒸汽干度越高，采收率越高。

当注入孔隙体积倍数4、压力为7MPa时，蒸汽干度0.2转蒸汽驱二维模型采收率可在水驱基础上增加24.7%，蒸汽干度0.6、0.4转蒸汽驱分别比0.2的采收率增加10.5%和5.5%（图3-81）。

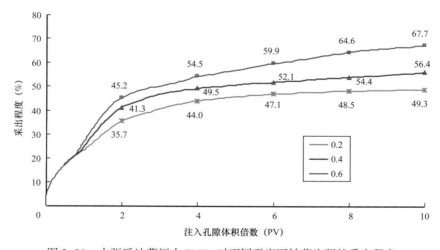

图3-81　水驱后油藏压力7MPa时不同干度下转蒸汽驱的采出程度

（3）高压高干度蒸汽驱可以获得低压中干度同样的采收率。

当注入孔隙体积倍数相同时，在压力7MPa下，将蒸汽干度提高到0.6，蒸汽驱二维模型采收率与压力5MPa下，蒸汽干度0.4的采收率基本相当，且采收率均较高（图3-82）。因此，提高蒸汽干度可以克服压力影响，从而突破了小于5MPa才能达到蒸汽驱的传统界限的束缚。

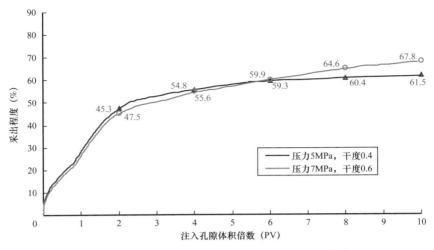

图 3-82　不同干度下转驱压力与采出程度关系曲线

参 考 文 献

［1］Butler R M. Thermal Recovery of Oil and Bitumen［M］. GravDrain's Blackbook. 1997.

［2］Dong X，Liu H，Hou J，et al. Multi-thermal Fluid Assisted Gravity Drainage Process：A New Improved-Oil-Recovery Technique for Thick Heavy Oil Reservoir［J］. Journal of Petroleum Science and Engineering，2015，133：1-11.

［3］Huang S，Huang C，Cheng L，et al. Experiment Investigation of Steam Flooding of Horizontal Wells for Thin and Heterogeneous Heavy Oil Reservoir［C］. SPE 177030，2015.

［4］Bagci S，Gumrah F. An Investigation of Noncondesible Gas-Steam Injection for Heavy Oil Recovery［J］. Presented at the 8th European IOR-symposium，Vienna，Austria，May 15-17，1995.

［5］赵修太，白英睿，韩树柏，等. 热—化学技术提高稠油采收率研究进展［J］. 特种油气藏，2012，19（3）：8-13.

［6］李宾飞，张继国，陶磊，等. 超稠油 HDCS 高效开采技术研究［J］. 钻采工艺，2009，32（6）：52-55.

［7］王春智. HDCS 驱提高超稠油油藏采收率技术研究［D］. 中国石油大学（华东），2015.

［8］史清照. 增强油—$ScCO_2$ 相互作用的界面活性剂的研究［D］. 大连理工大学，2017.

［9］刘慧卿. 热力采油原理与设计［M］. 北京：石油工业出版社，2013.

第四章　薄层超稠油热/化学复合开发技术

一、油藏特征

1.区域背景

　　春风油田位于新疆维吾尔自治区克拉玛依市前山涝坝镇春光农场西南约 5.1km，区域构造上位于准噶尔盆地西部隆起车排子凸起东部。车排子凸起为准噶尔盆地西部隆起的次级构造单元，其西面和北面邻近扎伊尔山，南面为四棵树凹陷，向东以红车断裂带与昌吉凹陷相接（图 4-1）[1]。

2.地层与沉积特征

　　据钻井揭示，车排子凸起发育的地层从下至上依次为：石炭系、侏罗系下统、白垩系下统吐谷鲁群组、古近系、新近系、第四系（表 4-1）。除了白垩系吐谷鲁群组、新近系在全区广泛分布外，侏罗系主要在石炭系基岩沟谷区呈剥蚀残留特征局部存在，白垩系以上地层向上倾北西方向逐层超覆（图 4-2）。

　　石炭系发育灰色、褐灰色火成岩、变质岩，其中火成岩以凝灰岩、安山岩为主，还可见少量玄武岩，裂隙较发育，多被后期方解石充填。

　　侏罗系分布范围较局限，属于剥蚀残留沉积，岩性为砾岩、角砾岩。排 1 井钻遇该套地层较厚，为 79m，岩性为灰色和灰绿色含砾砂岩、砂岩夹薄层粉砂质泥岩。

　　白垩系具有底超、顶剥特征，自东向西地层逐渐变薄至尖灭，岩性以细粒沉积物为主，灰色、灰黄色泥岩、泥质粉砂岩和粉砂岩互层，泥岩中常含有钙质结核。沿排 7 井—车浅 1-7 井—排 103 井一带，白垩系底部普遍发育一套深灰色砂砾岩。

　　古近系主要分布在凸起东南部，岩性可分成上部细碎屑段和下部粗碎屑段。其中上部细碎屑段为紫红、紫、暗灰绿、灰绿色泥岩、砂质泥岩组成的不等厚互层；下部粗碎屑段为灰色、灰白色泥岩、泥质粉砂岩与中细砂岩、粉砂岩互层。

　　新近系发育沙湾组、塔西河组和独山子组，地层由南向北超覆，岩性为砂岩与泥岩不等厚互层。沙湾组在车排子地区广泛分布，总体呈由东南向西北方向由厚变薄至尖灭，在东南部可达 400m 以上。在地震剖面上表现为与上覆的塔西河组呈削蚀不整合接触，与下伏古近系呈向西北超覆不整合接触。根据岩性特征可将沙湾组自下而上分成三个段：沙一段、沙二段和沙三段，各段地层厚度变化较大。沙一段的厚度从 0m 到

140m 不等，平均厚度 75m 左右，岩性以厚层浅灰色砾状砂岩、灰色砂砾岩、灰色含砾细砂岩夹薄层灰色泥岩为主，成岩演化程度较低，泥质胶结为主，较疏松；沙二段厚度为 20m 至 170m，岩性为红色泥岩夹红色泥质粉砂岩、灰色细砂岩及含砾细砂岩，为滨浅湖亚相砂坝沉积；沙三段除少数井区岩性为灰色砂砾岩、含砾砂岩、中细砂岩夹灰色泥质岩外，其余地区以巨厚棕红色泥岩、厚层棕红色粉砂质泥岩夹薄层棕红色泥质粉砂岩为主。

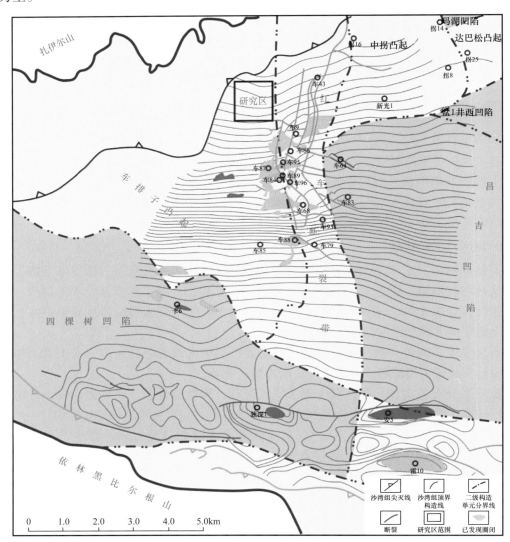

图 4-1 研究区构造位置图

沙一段、沙二段、沙三段各段的沉积特征存在一定差异。

沙一段 90～150m，与下伏地层呈角度不整合接触，古地势高差不大，物源充沛，广泛发育水下分流河道沉积、水下分流间湾沉积及局部滩坝相沉积，岩性主要为砂砾岩、含砾砂岩等粗碎屑岩沉积，夹有少量泥质。

表 4-1 车排子地区地层简表

层位				层位代号	厚度（m）	岩性岩相
系	统	组	段			
新近系	上新统	独山子组		N₂d		灰色泥岩夹浅灰色泥质粉砂岩。与下伏地层呈角度不整合接触
	中新统	塔西河组		N₁t	380	红色、灰色泥岩与泥质粉砂岩互层。与下伏地层呈角度不整合接触
		沙湾组	三段	N₁s₃	60～120	灰黄色、褐黄色泥岩，砂质泥岩，局部见厚层砾岩
			二段	N₁s₂	70～150	中—厚层杂色泥岩，夹杂色砾岩
			一段	N₁s₁	90～150	灰色砂砾岩、细砂岩与绿灰色泥岩互层，具正旋回。与下伏地层呈角度不整合接触
古近系	古新统			E	60～95	灰色含砾细砂岩、粉砂岩夹灰色泥岩及含砾泥岩。与下伏地层呈角度不整合接触
白垩系	下统	吐谷鲁群组		K₁tg	77～130	绿灰、棕红色泥岩、灰色粉砂岩组成不均匀互层。与下伏地层呈角度不整合接触
侏罗系	下统			J	60	灰褐色砂砾岩、灰色砾状砂岩为主，夹薄层灰黑色中砾岩。局部分布。与下伏地层呈不整合接触
石炭系	上统			C	（未穿）	灰色、褐灰色凝灰岩与变质岩为主

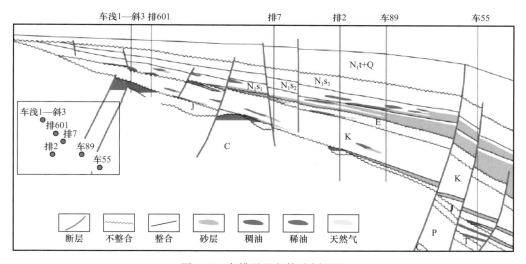

图 4-2 车排子凸起构造剖面图

　　沙二段沉积时期，水体加深，物源量也随着减少，地层平均厚 110m，岩性较细，主要为中厚层的泥岩沉积，砂体分布范围较小，局部有砾石沉积。

　　沙三段沉积时期由于整体构造抬升，水体变浅，岩石常呈氧化色。沙三段晚期发生短时间的构造抬升作用，在西北部可见沙湾组与上部的塔西河组呈角度不整合接触，地层平均厚度为 90m，岩石颜色多呈灰黄色、褐黄色。

到了塔西河组沉积阶段，车排子区主要发育辫状河三角洲、滨岸平原相厚层角砾岩、砂砾岩、砂岩及泥质岩沉积，泥岩颜色呈红色、紫色等氧化色。粗碎屑岩沉积速度快，分选性差，泥质含量高，储集性能差，可作为盖层。

第四系为灰色细砂岩、砂砾岩夹灰色薄层泥岩、粉砂岩。

3. 构造背景与演化

车排子凸起属于准噶尔盆地西部隆起的次一级构造单元，在平面上呈三角形，总体走向为西北—南东向，是海西晚期形成且长期继承性发育的古凸起。石炭系—白垩系构造层总体表现为东南倾单斜，新近系总体为近南倾的单斜。凸起上主要发育两组断裂系统，一组为海西—印支期形成、后期持续活动且从石炭系断至白垩系底砾岩的一系列逆冲、逆掩断裂；另一组为喜马拉雅期形成的张性正断裂从白垩系断至新近系，局部一些断裂断至地表。

车排子凸起的形成演化主要经历了 5 个阶段：（1）海西—印支期，沉积了 C-J$_1$b，车排子地区由于红车断裂带的冲断活动形成了凸起，发生了剥蚀；（2）燕山早期，在车排子一带发育北东向的水下低凸起，沉积了 J$_1$s 地层；（3）燕山中期，发育并定型阶段，车排子凸起强烈隆升，形成大范围剥蚀区，地层下削上超形态明显；（4）燕山晚期，埋藏隐伏阶段，车排子凸起整体下沉，接受白垩系—古近系沉积，构造幅度大幅度降低；（5）喜马拉雅期，北天山山前挠曲沉降，使盆地区域性向南掀斜，沉积 N-Q，地层南厚北薄，构成一简单南倾斜坡。

凸起西部和北部临近扎伊尔山，南部为四棵树凹陷和伊林黑比尔根山，东部以红车断裂与昌吉凹陷相连接。现今构造较为简单，总体表现为区域性南东倾单斜，地层倾角约 2°，比较平缓。受区域张扭性应力的影响，发育了低级序高陡、近直立断层，落差一般在 8m 左右，延伸长度一般在 2～10km。在研究区中部和东南部可见两条近南北方向的次级派生断层，分别为排 6 断层和排 7 断层，两条断层与不整合和骨架砂体疏导层分别沟通。另有若干条近东西向的正断层分布在排 6 大断层的下降盘，北东方向存在若干条小型正断层，对油气分布无明显控制作用。

4. 油藏基本特征

车排子地区的油气勘探始于 20 世纪 50 年代。在 20 世纪 60 年代发现了红山嘴油田，80 年代发现了车排子油田，90 年代发现了小拐油田，这些油田主要分布在红车断裂带。车排子凸起中石化工区内在 20 世纪 80 年代钻探了 8 口探井，虽然其中 5 口井见到了较好稠油显示，但均未获得成功，因此形成了红车断裂带上盘的车排子凸起"油气成藏早，富集度低，油质稠，采出困难，没有勘探价值"的初步认识，勘探研究工作基本停滞。2001 年中国石化西部指挥部进入准噶尔盆地后，针对西缘区块的勘探迅速展开，2005 年在新近系沙湾组喜获高产工业油流，发现了春光油田，揭开了该区油气勘探新局面。春风油田是中国石化在车排子地区发现的第二个油田。春风油田的勘探历程可分为三个阶段：（1）2003—2004 年，区域预探、战略侦察阶段。部署探井 2 口，主要目的是探索侏罗系沟谷的含油气性和石炭系的含油气性，兼探白垩系及新近系，但未获得工业油流；

（2）2005—2007年，重点突破、区域甩开阶段。针对新近系沙湾组部署了排6井，为春风油田第一口试油获油流井，并迅速扩大了该区的勘探成果；（3）2008年至今，滚动勘探、探明储量阶段。

车排子凸起东邻昌吉凹陷，南邻四棵树凹陷，且长期处于构造高部位。昌吉凹陷二叠系和中下侏罗统烃源岩发育，四棵树凹陷及其南部的山前断褶带主要发育中下侏罗统烃源岩。红车断裂及其伴生断层是车排子凸起区的油源断裂，与不整合面一起构成了油气从深洼区向凸起区运聚的重要通道，新近系沙湾组一段紧贴不整合面，厚层"板砂"横向连通性好，形成油气横向运移，新近系沙湾组一段砂体包裹于上下厚层泥岩之间，具有良好的成藏条件。

春风油田主要含油层位为新近系沙湾组一段，岩性主要为灰色中、粗砂岩、含砾砂岩，砂质砾岩、细砂岩，夹薄层灰质粉细砂岩，成岩作用弱，胶结疏松，高孔高渗（图4-3、图4-4）。油层埋藏浅，平均埋深在500m左右[2]。根据测试结果，地层压力系数为1.03，属正常压力系统；地层温度18.9～33.46℃，为正常温度系统。排6井原油密度在0.9655～0.9807g/cm³；50℃脱气原油黏度为5879～6075mPa·s，凝固点10～38℃，属于重质稠油。从排601—平1井与排601—平2井的黏温曲线上可以看出，排601井区原油的热敏感性较强，加热降黏效果明显。据排601块3口井3个地层水样品分析，总矿化度33642～38185mg/L，氯离子含量20927～23873.12mg/L，水型为$CaCl_2$型，北部井区部分地层水水型为$NaHCO_3$型[3]。

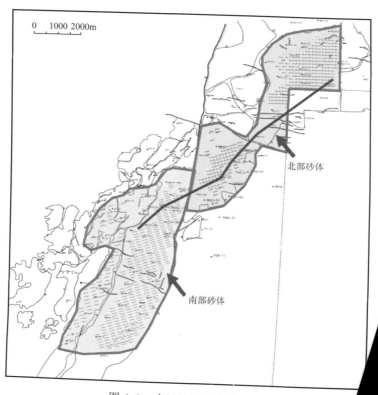

图4-3 春风油田砂体分布图

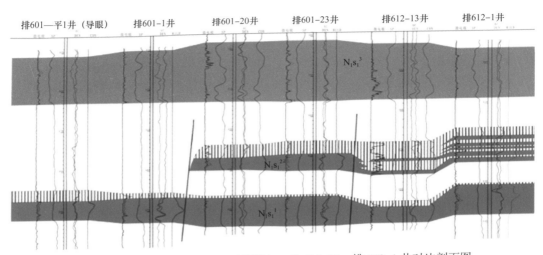

图 4-4　春风油田排 601—平 1（导眼）—排 601-20—排 612-1 井对比剖面图

二、开发技术难点

春风油田为浅薄层超稠油油藏，油藏主要特点为"浅、薄、低、稠"，常规蒸汽吞吐
经济效益，其主要开发难点如下。

油藏埋藏浅（埋深 190～710m），地层压力 2.0～7.1MPa，生产压差低，地层能
量递减快。

厚度薄，向顶底盖层散热大，油层吸收热焓低，注蒸汽热损失大。根据数
油层厚度下油层热损失率，随油层厚度的降低，注入油层蒸汽的累计热
厚度小于 5m 的油层，热损失率高达 70% 左右。

低，原油黏度高，地层温度下脱气原油黏度为 50000～90000mPa·s，
以流动，开发难度大。

采稠油的边际油藏，动用难度大，利用常规的蒸汽吞吐无工
浅薄层超稠油有效动用方式，提高该类储量的动用率，实
油的上产具有重要的意义。胜利油田在开发实践中形成
术思路。

低难题，注入氮气"增能助排"。

为二氧化碳气体的 1.25～1.5 倍。根据数值模拟研
～0.8MPa，可以有效提高地层能量。

"，降低热损失影响。

油能力，降低热损失。数值模拟研究和生产
低 20%～30%，注汽压力降低 40%，吸汽

氮气为惰性气体，其比热容较水低 2～4

倍，注汽过程中吸收热量少；导热系数低，较油、水和岩石导热系数低1～2个数量级，向地层传导热量慢。物理模拟和数值模拟研究显示，氮气饱和度达到0.36时，导热系数下降16%，注入氮气后，地层热焓可提高7.3%。氮气注入油层后，氮气聚集在油层顶部，形成"隔热被"，抑制蒸汽超覆减少热损失，加热半径增加1倍。

（3）注入降黏剂和蒸汽实现"接替降黏"，解决原油黏度高难以流动的难题。

注入降黏剂降低近井地带原油黏度，从而降低注汽压力，提高吸汽能力；注入蒸汽后进一步降低原油黏度，与降黏剂实现"复合降黏"。蒸汽注入后推动降黏剂进入油层深部，进一步降低油层深部的黏度，实现"接替降黏"。降黏剂与蒸汽协同降黏范围比常规蒸汽吞吐提高33.3%。

第二节　薄层超稠油开发技术优化

在2009年中国石化调整春光油田给河南油田之前，春风油田排6井区有6口井（排6、排601、排602、排602侧1、车浅1、车浅1-1）进行了热力试采。直井常规蒸汽吞吐具有一定的峰值产量，但形成不了工业油气流，缺乏合适的开发手段，据调研国内外缺乏该类油藏有效的开发方式。

车浅1井2004年进行了热力试采，射孔井段为320～322m，2004年5月26日开始注汽，注汽量1071.8t，2004年6月6日投产，生产45d，峰值油量0.8t/d，周期产油18.6t，周期产水782t，油汽比0.02，回采水率73%（表4-2）。该井有效厚度薄（有效厚度3.5m），地层热损失大，原油黏度高，且底部存在底水，因此生产效果差，回采水率高。

表4-2　排6井区试采情况统计表

井号	射孔井段（m）	投产时间	注汽（t）	生产时间（d）	采油（t）	采水（t）	峰值产油（t/d）	回采水率（%）	油汽比
车浅1	320.0～322.0	2004.6.6	1071.8	45	18.56	782	0.76	72.97	0.02
车浅1-1	294.5～296	2007.11.3	302.5	19	11.83	496	1.37	163.8	0.04
排6	429.7～431.8	2005.9.8	892.2	35	12.5	1144	0.5	128.2	0.01
排601	489.3～492	2007.11.8	545	30	88.65	27.5	12.5	5.044	0.16
排602	565.1～569.8	2005.9.23	1113.8	31	39.08	329	10.5	29.54	0.04
排602C1	605.5～609.5	2007.11.16	365.1	10	6.24	10.7	2.1	2.925	0.02

车浅1-1井2007年进行了热力试采，射孔井段为294.5～296m，2007年10月28日开始注汽，注汽量302.5t，2007年11月3日投产，生产19d，峰值油量1.4t/d，周期

产油 11.8t, 周期产水 496 t, 油汽比 0.04, 回采水率 163.8%（表 4-2）。该井有效厚度薄（有效厚度 3.0m），热损失大，原油黏度高，且底部存在底水，因此生产效果差，回采水率高。

排 6 井 2005 年进行了热力试采，射孔井段为 429.7～431.8m，2005 年 8 月 30 日开始注汽，注汽量 892.2t，2005 年 9 月 8 日投产，生产 35d，峰值油量 0.5t/d，周期产油 12.5t，周期产水 1144 t，油汽比 0.01，回采水率 128.2%（表 4-2）。该井有效厚度薄（有效厚度 2.0m），原油黏度高，因此生产效果差。

排 601 井 2007 年进行了热力试采，射孔井段为 489.3～492m，2007 年 11 月 3 日开始注汽，注汽量 545t，2007 年 11 月 8 日投产，生产 30d，峰值油量 12.5t/d，周期产油 88.7t，周期产水 27.5t，油汽比 0.16，回采水率 5.04%（表 4-2）。该井生产具有一定峰值油量，但有效厚度薄（有效厚度 4.0m），地层热损失大，原油黏度高，生产时间短，油汽比低，生产效果差。

排 602 井 2005 年进行了热力试采，射孔井段为 565.1～569.8m，2005 年 9 月 15 日开始注汽，注汽量 1113.8t，2005 年 9 月 23 日投产，生产 31d，峰值油量 10.5t/d，周期产油 39.1t，周期产水 329 t，油汽比 0.04，回采水率 29.54%（表 4-2）。

排 602 侧 1 井 2007 年进行了热力试采，射孔井段为 605.5～609.5m，2007 年 11 月 13 日开始注汽，注汽量 365.1t，2007 年 11 月 16 日投产，生产 10d，峰值油量 2.1t/d，周期产油 6.2t，周期产水 10.7 t，油汽比 0.02，回采水率 2.93%（表 4-2）。该井生产具有一定峰值油量，受出砂影响生产效果。

直井试采效果表明，春风油田由于埋藏浅、地层能量低，有效厚度薄、地层热损失大，原油黏度高、地层条件下难以流动，利用直井开发周期生产时间短、产量低、油汽比低，无经济效益。

针对春风油田的"浅、薄、低、稠"的油藏特点，通过补充地层能量、扩大泄油面积、降低散热速度来提高热利用率以及大幅度降低近井地带原油黏度来改善油井的流入动态，深化了"增能助排、扩大波及、隔热保温、协同降黏"机理，形成了注入参数周期优化方法，发展了浅薄储层超稠油 HNS-VDNS-VNS（H 水平井、V 直斜井 +D 降黏剂 +N 氮气 +S 高干度蒸汽）热力复合采油技术。

一、降黏剂筛选与注入量优化

1. 实验材料与方法

针对排 601 区块原油超高黏度的特性，在现场开发中必须注入降黏剂以降低原油黏度，以提高原油流动性，从而达到增产的目的。本实验研究了 5 种降黏剂分别对排 601—平 36 油样的降黏效果。实验所用降黏剂见表 4-3。

取 200mL 超稠油油样放入 250mL 烧杯中，向油样中加入一定量降黏剂（0.5%、1%、2%、3%）并搅拌均匀，将配制好的油样放在 50℃水浴中恒温 4h。将恒温后的超稠油油样放入黏度计测量筒中，启动黏度计，得到测试结果后改变降黏剂类型，并重复上述步骤。

表 4–3 降黏剂类型

降黏剂型号	溶解性质
XJ	水溶性
FCY	水溶性
S–6	水溶性
孤岛油溶	油溶性
YR–2	油溶性

2. 油溶性降黏剂筛选实验结果分析

降黏剂筛选实验结果见表 4–4，其中，实验温度为 50℃，加入降黏剂量为 1%，50℃时排 601—平 36 油样黏度为 4840mPa·s。

表 4–4 排 601—平 36 油样不同降黏剂 50℃时降黏效果分析

降黏剂型号	降黏剂性质	黏度（mPa·s）	降黏率（%）
XJ	水溶性	5818	
FCY	水溶性	5152	
S–6	水溶性	4707	2.75
孤岛油溶	油溶性	3463	28.45
YR–2	油溶性	2160	55.37

由表 4–4 可知，XJ 降黏剂、FCY 降黏剂对两种油样均没有降黏效果，S–6 降黏剂降黏效果极小，而孤岛油溶和 YR–2 降黏剂具有较好的降黏效果。其中，YR–2 降黏效果最好，对排 601—平 36 油样降黏效果达到 55.37%。

加入 YR–2 降黏剂后，油样黏度急剧下降，这是由于实验所用 YR–2 降黏剂含有稠环芳烃的小分子量同系物以及部分表面活性物质。超稠油含有大量的胶质和沥青质，降黏剂分子可以有效地介入胶质和沥青质中稠环芳烃的氢键、芳香 π–π 堆积中，降低其分子间作用力，同时将体系的分散度增加，可以有效地降低体系的黏度；降黏剂中的表面活性分子可以以亲油基团介入液相，而亲水基团在低浓度下可以形成球团，一方面可以有效地以亲油基团降低稠环芳烃分子间作用力，另一方面也可以通过形成球团的方式将体系变得膨大而松散，从而达到降低体系黏度的作用。

通过对降黏剂性质比较可知，降黏效果较好的均为油溶性降黏剂，而水溶性降黏剂降黏效果较差，YR–2 为本实验最优降黏剂。

3. 油溶性降黏剂注入量优化结果分析

实验结果见表 4–5，其中实验温度为 50℃，50℃时排 601—平 36 油样黏度为 4840mPa·s。

表 4-5　排 601—平 36 油样 50℃时不同降黏剂注入量降黏效果分析

降黏剂注入量（%）	黏度（mPa·s）	降黏率（%）
0.5	2872	40.66
1.0	2160	55.37
1.5	2284	52.81
2.0	2472	48.93

由表 4-5 可知，排 601—平 36 油样在降黏剂注入量为 1%（4mL/200mL）时降黏效果最好；当降黏剂注入量大于 1% 时，降黏效果反而下降。这是由于当足够降黏剂分子分散到稠油体系中后，对原油中的胶质成分已经进行了有效的拆散和分解，继续添加降黏剂，对稠油体系的影响很小，甚至会改变稠油—降黏剂体系的稳定性，导致降黏效果不降反增。由上述结果可知，本实验最优注入量为 1%。

4. 超稠油—降黏剂体系物性评价

1）油溶性降黏剂对排 601—平 36 井原油黏温性质的影响

图 4-5 为排 601—平 36 油样加入 YR-2 降黏剂量为 1%，剪切速率为 20s^{-1} 时前后的黏温关系对比图。由图 2-2-7 可知，降黏剂在高温下仍然具有很好的降黏效果。对于排 601—平 36 油样，31.5℃下黏度为 20667mPa·s，加入 YR-2 降黏剂后黏度下降到 7967mPa·s，降黏率为 61.45%；85.2℃下黏度为 464mPa·s，加入 YR-2 降黏剂后黏度下降到 225mPa·s，降黏率为 51.51%。可见对于蒸汽吞吐开发方式下的高温条件，YR-2 降黏剂具有良好的降黏效果。

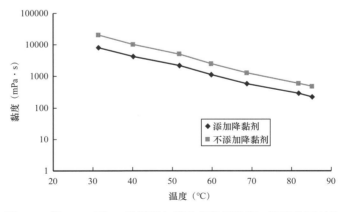

图 4-5　排 601—平 36 油样添加降黏剂前后黏度—温度关系对比

图 4-6 为排 601—平 36 油样的降黏率—温度关系图，可以看出降黏率随温度的升高而略有下降。在最优降黏剂注入量下，对于排 601—平 36 油样，85.2℃条件下降黏率为 51.51%。这是由于随着温度的升高，加热降黏的影响逐渐增大，从而导致降黏剂化学降黏的降黏率略有下降，但变化十分微小。实验表明 YR-2 降黏剂的耐温效果好，可以与加热降黏形成协同作用。

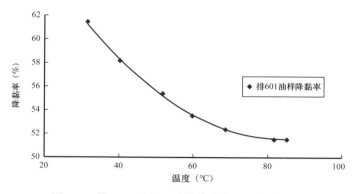

图 4-6　排 601—平 36 油样降黏率—温度关系图

2）油溶性降黏剂对排 601—平 36 井原油流变性质的影响

图 4-7 为排 601—平 36 井加入降黏剂后油样的剪切应力与剪切速率双对数关系曲线，由图可知加入降黏剂后，排 601—平 36 井油样的屈服值大幅降低。这是由于降黏剂分子分散在超稠油中，大幅度减弱了超稠油分子间的作用力，从而使原油屈服值得到显著下降。

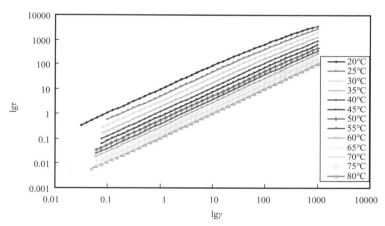

图 4-7　降黏剂 + 排 601—平 36 油样体系剪切应力与剪切速率双对数关系曲线

二、氮气用量优化

氮气是一种非凝结性气体，其本身的特性受温度和压力的影响很小，不像蒸汽那样遇冷容易凝结成水，也不像二氧化碳那样在一定的压力下易溶于原油。这种惰性气体不受气源限制、无毒无害，又是热的不良导体，能协助蒸汽提高稠油油藏的开采效果，所以氮气辅助蒸汽吞吐（驱）技术已开始在油田应用[4]。可通过研究不同注氮量、不同注入方式等对蒸汽驱油效果的影响，来了解氮气与蒸汽混注后的增产机理。

1. 实验方法与流程

PVT 实验装置如图 4-8 所示。首先把氮气、油样通过增压泵、计量泵注入配样器充分搅拌混匀，接着转入 PVT 主机，在一定温度下加压，使混合样品成为均相后进行 P-V

参数测试，然后把混合样品从 PVT 主机一方面注入落球黏度计测量黏度，另一方面放出后进行脱气实验。

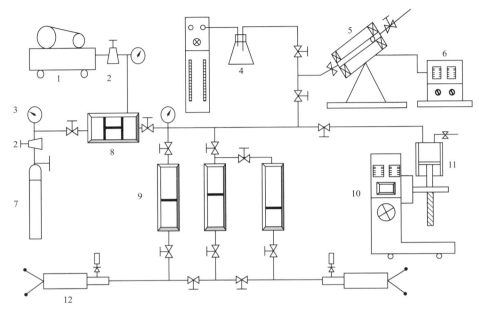

图 4-8　PVT 装置示意图

1—空气压缩机；2—调压阀；3—压力表；4—分离器；5—高压落球黏度计；6—黏度计控制器；7—气样瓶；
8—气动增压泵；9—活塞容器；10—PVT 控制器；11—PVT 储样器；12—电动计量泵

2. 实验结果及分析

1）氮气在原油中的溶解实验

将不同比例的氮气与排 601 区块原油混合，利用高压 PVT 实验装置对油样进行单次脱气实验、PV 关系实验。在 28℃、80℃和 120℃条件下，氮气溶入油样后各物性参数的变化见表 4-6 至表 4-8。

表 4-6　28℃注入氮气后原油各物性参数

溶解压力（MPa）	气油比（m³/m³）	体积系数	地层油密度（g/cm³）	压缩系数（10^{-4}MPa^{-1}）
2.81	1.29	1.0068	0.9582	5.711
4.72	2.56	1.0085	0.9504	6.173
6.05	3.27	1.0105	0.9447	6.597

实验测得氮气溶解气油比与溶解压力的关系，由实验结果拟合出 28℃时，溶解气油比与溶解压力的关系式为：$y = -0.0405x^2 + 0.9696x - 1.115$。当地层压力为 10MPa 时，得到氮气溶解气油比（GOR）为 4.53m³/m³，即地层压力下最大能溶解 4.53 倍地层油体积的氮气（标准状态）；120℃时，溶解气油比与溶解压力的关系式为：$y = -0.0046x^3 + 0.075x^2 + 0.3452x + 1.3447$。当地层压力为 10MPa 时，得到氮气溶解气油比（GOR）为 7.70m³/m³，即地层压力下最大能溶解 7.7 倍地层油体积的氮气（标准状态）。

表 4-7 80℃注入氮气后原油各物性参数

溶解压力 （MPa）	气油比	体积系数	地层油密度 （g/cm³）	压缩系数 （$10^{-4}MPa^{-1}$）
2.35	1.79	1.0338	0.9343	7.726
4.31	3.12	1.0355	0.9322	8.273
5.72	3.93	1.0376	0.9314	8.779
6.73	4.57	1.0427	0.9303	8.914
9.54	5.9	1.0485	0.9248	9.124

表 4-8 120℃注入氮气后原油各物性参数

溶解压力 （MPa）	气油比	体积系数	地层油密度 （g/cm³）	压缩系数 （$10^{-4}MPa^{-1}$）
1.82	2.39	1.0589	0.9127	9.793
4.02	3.47	1.0619	0.9114	10.016
5.54	4.12	1.0645	0.9095	10.69
6.55	5.57	1.0707	0.9068	10.915
8.43	6.82	1.0756	0.9042	11.15

2）氮气对原油黏度的影响

在 10MPa 条件下分别开展了不同氮气溶解气油比实验，考察溶解气油比对排 601 区块原油黏度的影响，实验结果见表 4-9 至表 4-11。实验结果表明，原油黏度随氮气溶解气油比的增加而降低，随着温度升高降黏率有所下降，在 28℃条件下，当溶解气量为 5.90m³/m³（标准状况）时降黏率达到 46.41%，具有显著的降黏效果。

表 4-9 80℃ 氮气溶解气油比为 1.79 时，不同压力下的黏温（mPa·s）

p（MPa）	T（℃）				
	28	50	80	120	150
6	29224.97	3188.45	400.78	69.71	26.55
8	32612.44	3480.88	434.36	74.08	28.51
10	35999.90	3773.31	467.93	78.45	30.47
12	39387.37	4065.74	501.51	82.82	32.43
14	42774.83	4358.17	535.08	87.19	34.39

表 4-10 80℃氮气溶解气油比为 3.12 时，不同压力下的黏温（mPa·s）

p（MPa）	T（℃）				
	28	50	80	120	150
6	27454.87	2828.15	359.21	63.24	27.07
8	30483.03	3183.14	383.30	69.52	27.88
10	33511.19	3538.14	407.39	75.81	28.69
12	36539.35	3893.13	431.48	82.09	29.50
14	39567.51	4248.12	455.57	88.38	30.31

表 4-11 80℃不同氮气溶解气油比条件下的降黏率实验结果（%）

GOR（m³/m³）	T（℃）				
	28	50	80	120	150
1.79	5.57	5.07	4.50	1.94	1.71
3.12	12.10	11.55	8.86	5.24	7.45
3.93	24.99	16.48	12.49	7.61	9.58
4.57	33.35	24.67	16.69	9.63	11.45
5.90	46.41	42.80	26.69	17.03	13.35

3）氮气对原油弹性能的影响

实验结果表明（表 4-12 至表 4-15），原油压缩系数与体积系数随氮气溶解气油比的增加而增大，特别是当氮气处于过饱和状态时，在相同的溶解气量、相同实验压力条件下，氮气与原油的综合压缩系数与体积系数远远大于二氧化碳与原油的，即在 80℃、10MPa 的实验条件下，溶解 30.2m³ 氮气与气体时，氮气与原油的综合压缩系数是二氧化碳与原油的 14.19 倍；氮气与原油的综合体积系数是二氧化碳与原油的 1.21 倍，说明当氮气处于过饱和状态时，能够显著提高原油的弹性能。

表 4-12 80℃氮气在不同溶解气量不同压力条件下的压缩系数

溶解气量（m³/m³）	溶解压力（MPa）	12	10	8	6	5	4
4.6	压缩系数（10⁻⁴MPa⁻¹）			8.36	19.46	31.83	69.85
8.5		12.18	28.89	65.55	145.07	230.45	253.27
30.2			117.05	174.32	280.72	346.49	476.85

表 4-13 80℃二氧化碳在不同溶解气量不同压力条件下的压缩系数（实验压力 10MPa）

溶解气量（m^3/m^3）	压缩系数	溶解压力
2.98	6.32	2.81
4.6	6.36	2.92
8.5	6.65	3.51
16.2	7.45	5.11
30.2	8.28	7.37
36.69	8.37	7.97
45.98	9.42	9.93
58.97	10.67	12.98

表 4-14 80℃氮气在不同溶解气量不同压力条件下的体积系数

溶解气量（m^3/m^3）	溶解压力（MPa）	12	10	8	7	5	4
4.6	压缩系数（$10^{-4}MPa^{-1}$）			1.031	1.034	1.056	1.068
8.5		1.057	1.07	1.089	1.156	1.212	1.276
30.2			1.293	1.361	1.413	1.562	1.679

表 4-15 80℃二氧化碳在不同溶解气量不同压力条件下的体积系数（实验压力 10MPa）

溶解气量（m^3/m^3）	体积系数	溶解压力
2.98	1.009	2.81
4.6	1.011	2.92
8.5	1.019	3.51
16.2	1.038	5.11
30.2	1.071	7.37
36.69	1.079	7.97
45.98	1.099	9.93
58.97	1.117	12.98

三、蒸汽 + 降黏剂吞吐效果优化

1. 实验步骤与条件

1）实验步骤

（1）按照图 4-8 连接实验装置，检查系统封闭性；

（2）填砂管基本参数测定：包括孔隙体积和孔隙度、渗透率以及含油饱和度测定；

（3）向填砂管内注入不同孔隙体积倍数的降黏剂；

（4）注入蒸汽段塞，实验步骤如上文中所述。

2）实验条件

表4-16为实验所用填砂管基本参数表；实验模拟地层温度皆为28℃。实验条件见表4-17。

表4-16　填砂管基本参数表

编号	长度（cm）	直径（cm）	孔隙度（%）	渗透率（D）	饱和油量（mL）	含油饱和度（%）
7	18	3.83	35.78	3.35	57.18	76.02
8	18	3.83	34.92	2.99	56.12	77.90
9	18	3.83	35.46	3.18	56.06	76.71
10	18	3.83	36.04	3.26	57.24	75.48

表4-17　填砂管实验条件表

编号	注入降黏剂体积（PV）	注入温度（℃）	注入速度（mL/min）
7	0.005	200	2
8	0.01	200	2
9	0.02	200	2
10	0.05	200	2

2. 实验结果与分析

1）降黏剂注入对注入压力的影响

图4-9为2mL/min注入速度下加入0.05PV降黏剂的蒸汽驱与纯蒸汽驱的注入压力对比。由图可知，蒸汽驱时突破压力为7.12MPa，平衡压力为1.55MPa，添加降黏剂后，突破压力降低到1.39MPa，平衡压力降低到0.09MPa。添加降黏剂后蒸汽注入压力明显降低，说明降黏剂有效降低了原油的黏度，使驱替压力降低，改善了岩石内部原油渗流特征，提高了驱油效率。

2）降黏剂注入对采收率的影响

由图4-10可以看出，提前注入降黏剂段塞后，降黏剂会增加原油的流动性，提高原油采收率。单纯注入蒸汽采收率为35.29%，加入降黏剂前置段塞后，蒸汽驱采收率提高到58.61%，相比纯蒸汽驱提高了23.32个百分点。

3）降黏剂注入量对注入压力的影响

图4-11为分别注入0.005PV，0.01PV，0.02PV和0.05PV降黏剂时对注入压力的影响。由图4-11可知，随着降黏剂注入量的增加，突破压力和平衡压力均随降黏剂注入量的增加而降低，降黏剂注入量越大，对原油降黏的效果越明显，从而对注入压力的降低效果越明显。

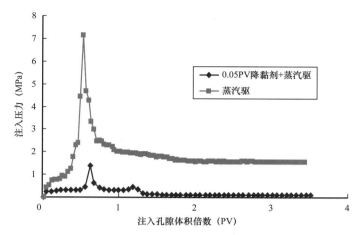

图 4-9　加 0.05PV 降黏剂时注入压力—注入孔隙体积倍数关系曲线

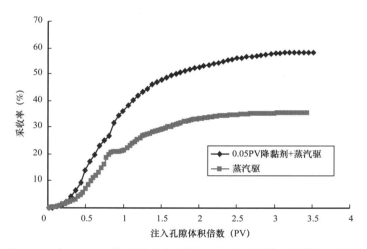

图 4-10　加 0.05PV 降黏剂时采出程度—注入孔隙体积倍数关系曲线

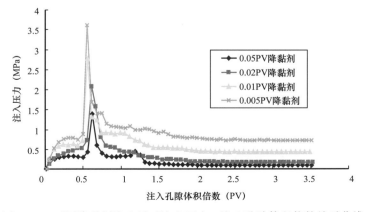

图 4-11　不同降黏剂注入量时注入压力—注入孔隙体积倍数关系曲线

4）降黏剂注入量对采收率的影响

图 4-12 为分别注入 0.005PV，0.01PV，0.02PV 和 0.05PV 降黏剂时对采出程度的影响。由图 4-12 可知，随着降黏剂注入量的增加，采收率增加，这是由于降黏剂注入量越大，对原油降黏的效果越明显，从而更好地改善原油的流动性，使采收率增加。表 4-18 为注入不同 PV 数降黏剂时的采收率对比。

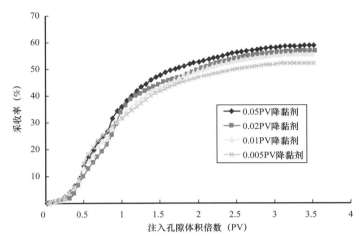

图 4-12　不同降黏剂注入量时采出程度—注入孔隙体积倍数关系曲线

表 4-18　不同降黏剂注入量时采收率数据表

降黏剂注入量（PV）	采收率（%）	采收率增幅（比蒸汽驱）（%）
0	35.29	0
0.005	52.15	16.86
0.01	55.43	20.14
0.02	56.65	21.36
0.05	58.61	23.32

3. 实验小结

（1）排 601—平 36 稠油蒸汽驱采收率为 35.29%，增加 0.05PV 降黏剂前置段塞，原油的采收率提高到 58.61%。

（2）随着降黏剂注入量增加，注入压力随之降低，采收率随之增高，这是由于降黏剂注入量越大，对原油降黏的效果越明显，从而更好地改善原油的流动性，提高了驱油效率。

四、热／化学复合吞吐效果优化

1. 实验步骤与条件

1）实验步骤

（1）按照图 4-8 连接实验装置，检查系统封闭性；

（2）填砂管基本参数测定：孔隙体积和孔隙度、渗透率以及含油饱和度测定；

（3）向填砂管内注入 0.05PV 降黏剂；

（4）注入不同孔隙体积倍数的氮气段塞；

（5）注入蒸汽段塞，实验步骤如上文中所述。

2）实验条件

表 4-19 为实验所用填砂管基本参数表，实验模拟地层温度皆为 28℃。实验条件见表 4-20。

表 4-19　填砂管基本参数表

编号	长度（cm）	直径（cm）	孔隙度（%）	渗透率（D）	饱和油量（%）	含油饱和度（%）
11	18	3.83	35.22	3.21	56.74	77.23
12	18	3.83	36.43	3.35	57.62	74.67
13	18	3.83	36.18	3.32	56.60	75.18
14	18	3.83	34.88	3.02	57.04	77.99
15	18	3.83	35.54	3.19	56.97	76.54

表 4-20　填砂管实验条件表

编号	注入降黏剂体积（PV）	注入氮气体积（PV）	注入温度（℃）	注入速度（mL/min）
11	0.05	0.1	200	2
12	0.05	0.2	200	2
13	0.05	0.4	200	2
14	0.05	0.6	200	2
15	0.05	0.8	200	2

2. 实验结果与分析

1）不同氮气注入量时注入压力对比

图 4-13 为降黏剂前置段塞浓度为 0.05PV 时不同氮气注入量下的注入压力对比，由图 4-13 可知，随着氮气注入量增加，突破压力和平衡压力均随之升高。注入 0.1PV 氮气时，突破压力为 3.52MPa，平衡压力为 0.57MPa，当注入 0.8PV 氮气时，突破压力增大到 6.34MPa，平衡压力增大到 1.03MPa。

2）不同氮气注入量时含水率对比

图 4-14 为降黏剂前置段塞浓度为 0.05PV 时不同氮气注入量下含水率对比，由

图 4-14 可知，含水率变化趋势基本一致，但随着氮气注入量的增加，延长了见水时间，含水率下降。这是由于注入的氮气在蒸汽驱过程中可以优先占据优势通道，从而减缓了蒸汽的汽窜，延长了见水时间，起到了较好的调剖作用。

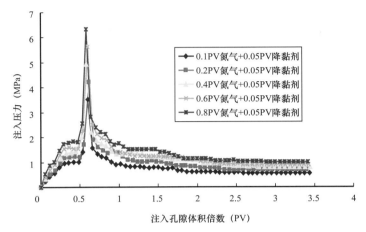

图 4-13　不同氮气注入量时注入压力—注入孔隙体积倍数关系曲线

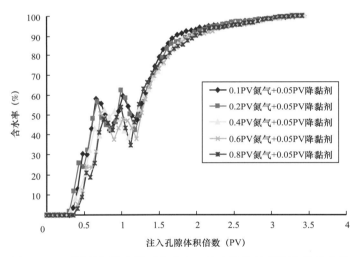

图 4-14　不同氮气注入量时含水率—注入孔隙体积倍数关系曲线

3）不同氮气注入量时采收率对比

图 4-15 为降黏剂前置段塞浓度为 0.05PV 时不同氮气注入量下采出程度对比，由图 4-15 可知，随着氮气注入量增大，采收率随之增大，在注入 0.05PV 氮气时，采收率为 62.51%，注入 0.8PV 氮气时，采收率提高到 76.48%。这是由于随着氮气注入量的增加，溶解进入原油中的氮气增多，起到了更好的降黏作用，同时使原油体积膨胀效果更明显，此外，随着氮气注入量的增加，氮气的调剖作用和增压作用更加明显，从而提高了原油的采收率。表 4-21 为蒸汽注入速度 2mL/min 时不同氮气注入量下的采收率对比。

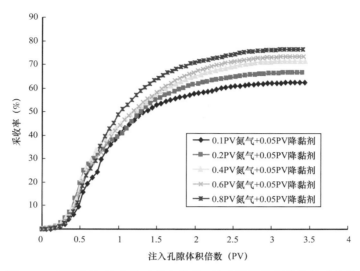

图 4-15　不同氮气注入量时采出程度—注入孔隙体积倍数关系曲线

表 4-21　不同氮气注入量时采收率数据表

氮气注入量（PV）	降黏剂注入量（PV）	采收率（%）	采收率增幅（相比蒸汽驱）（%）
0	0	35.29	0
0	0.05	58.61	23.32
0.1	0.05	62.51	27.22
0.2	0.05	66.66	31.37
0.4	0.05	71.54	36.25
0.6	0.05	73.60	38.31
0.8	0.05	76.48	41.19

　　4）不同驱替方式时注入压力对比

　　图 4-16 为氮气 + 降黏剂 + 蒸汽复合驱（0.8PV 氮气和 0.05PV 降黏剂前置段塞）、降黏剂 + 蒸汽复合驱（0.05PV 降黏剂前置段塞）与蒸汽驱的注入压力曲线对比，由图 4-16 可见，降黏剂对注入压力的降低起到了主要作用。降黏剂在开发过程中有效降低了原油黏度，改善了岩石内部渗流特质，降低了驱替压力，从而提高了驱油效率。

　　5）不同驱替方式时含水率对比

　　图 4-17 为氮气 + 降黏剂 + 蒸汽复合驱（0.8PV 氮气和 0.05PV 降黏剂前置段塞）、降黏剂 + 蒸汽复合驱（0.05PV 降黏剂前置段塞）与蒸汽驱的含水率对比。由图 4-17 可知，氮气对含水率的降低起到了主要作用，氮气的注入可以有效地降低含水率，延长见水时间，这是由于降黏剂与氮气的协同作用有效改善了原油的流动性，改变了岩石内部的渗流特征，同时注入的氮气在蒸汽驱过程中优先占据优势通道，起到了较好的调剖作用，从而使含水率明显降低。

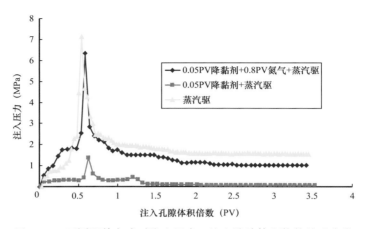

图 4-16 不同驱替方式时注入压力—注入孔隙体积倍数关系曲线

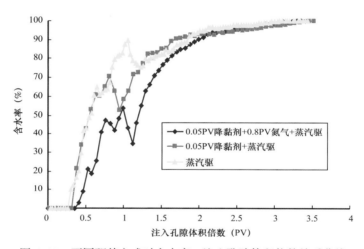

图 4-17 不同驱替方式时含水率—注入孔隙体积倍数关系曲线

6）不同驱替方式时采收率对比

图 4-18、图 4-19 分别为氮气 + 降黏剂 + 蒸汽复合驱（0.8PV 氮气和 0.05PV 降黏剂前置段塞）、降黏剂 + 蒸汽复合驱（0.05PV 降黏剂前置段塞）与蒸汽驱的采出程度、采收率对比，由图 4-19 可知氮气 + 降黏剂 + 蒸汽复合驱开发效果最好，单纯注入蒸汽，采收率为 35.29%，加入 0.05PV 降黏剂前置段塞后，蒸汽驱采收率提高到 58.61%，加入 0.8PV 氮气段塞后，采收率提高到 76.48%。可见蒸汽、氮气和降黏剂的协同效果较好。

3. 实验小结

（1）排 601—平 36 稠油蒸汽驱采收率为 35.29%，加入 0.05PV 前置降黏剂段塞和 0.8PV 氮气段塞后，可以将原油采收率提高到 76.48%，可见蒸汽、氮气和降黏剂的协同效果较好。

（2）氮气和降黏剂的协同作用降低了注入压力，大幅降低了含水率，延长了见水时间，主要是由于氮气和蒸汽的协同降黏作用和注氮气起到的调剖作用。

（3）随着氮气注入量增大，见水时间延长，含水率降低，采收率增高。

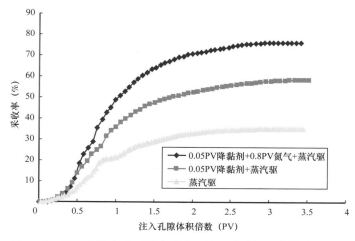

图 4-18　不同驱替方式时采出程度—注入孔隙体积倍数关系曲线

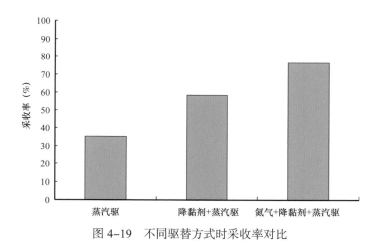

图 4-19　不同驱替方式时采收率对比

五、薄层超稠油技术界限

1. 油藏参数界限

1）原油黏度

利用油藏数值模拟方法对有效厚度 7m 下不同井型、不同原油黏度下的多层稠油油藏进行了生产效果分析，结果表明，不论直井还是水平井，随着原油黏度的增大，单储净产油降低，经济效益变差。对于多层的稠油油藏，原油黏度小于 42000mPa·s 时，利用直井开发效果优于水平井，因此利用直井开发，而当原油黏度大于 42000mPa·s 时，无论单层还是多层，均利用水平井开发（图 4-20）。

2）储层层数与厚度

利用油藏数值模拟方法研究了原油黏度为 40000mPa·s 条件下，单一储层和两层均为主力层的情况下不同井型不同有效厚度下的生产效果。对于原油黏度小于 42000mPa·s 的油藏，单一储层的情况下，有效厚度大于 10m，利用直井开发效果优于水平井，有效厚度小于 10m，应采用水平井开发（图 4-21）；对于两层均为主力层的油藏，直井的生产效果始终优于水平井，但有效厚度大于 6m，利用直井开发才具有经济效益（图 4-22）。

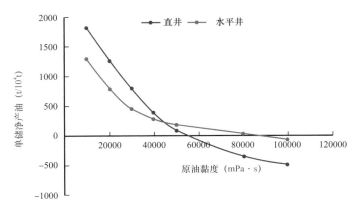

图 4-20　多层油藏不同井型原油黏度与单储净产油关系曲线（有效厚度 6m）

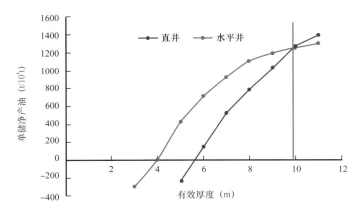

图 4-21　单一储层不同井型有效厚度与单储净产油关系曲线

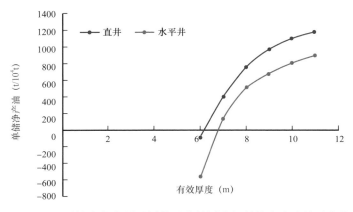

图 4-22　两层均为主力层不同井型有效厚度与单储净产油关系曲线

2. 注入参数界限

方案编制时，依据储层特征、流体性质、储层厚度、水平段长度等，绘制了热力复合采油注入参数模版（图4-23）。方案实施过程中，现场周期间、井间注采参数存在差异，及时跟踪分析注采参数对开发效果的影响，调整优化合理的注采参数。

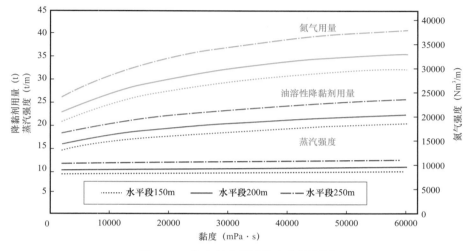

图4-23 热力复合采油注入参数图版

1）注汽强度增幅

利用数值模拟方法对周期间不同注入蒸汽量（周期间不增加、逐周期增加5%、逐周期增加10%）进行了优化研究，周期间不论是否增加注汽量，随着周期的延长，净产油量先升高再降低，超稠油油藏在第2、3周期产量达到峰值。前8个周期，注汽量逐周期增加5%时，净产油量最高，经济效益最好；第8个周期以后，再增加注汽量，由于超稠油加热半径有限，高轮次后加热半径基本不再变化，因此加大注汽量增加产量有限，而注汽费用在不断增加，增加的产油量不足以抵消增加的注汽费用，经济效益较不增加注汽量的差（图4-24），因此建议1～8周期，注汽量逐周期增加5%，8周期以后注汽量不再增加。

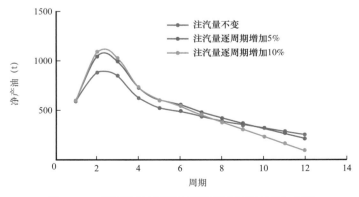

图4-24 不同注汽量增幅下周期间净产油变化曲线

2）氮气增幅

在蒸汽注入量增幅为 5% 的条件下，利用数值模拟方法对周期间不同注入氮气量（周期间不增加、逐周期增加 5%、逐周期增加 10%、逐周期增加 15%）进行了优化研究，前 3 个周期，增加氮气量与否，净产油量相差不大，主要是由于前三个周期地层能量相对较充足，增加氮气量"增能助排"的效果不明显，因此从经济效益和生产效果考虑，前三个周期不建议增加注氮量；随着周期的增加，地层压力不断降低，提高氮气的注入量，不断补充地层能量的同时，扩大蒸汽和降黏剂的波及范围，氮气量逐周期增加 10% 时效果最好，经济效益最高，但氮气量增加过高时，地层内气体过多，容易形成气窜，影响生产效果和经济效益，氮气注入量增加过大时应采用组合吞吐的方式开发（图 4-25）。

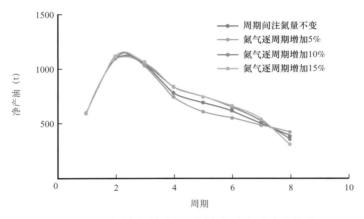

图 4-25 不同注氮量增幅下周期间净产油变化曲线

3）降黏剂使用条件

利用油藏数值模拟方法，对不同黏度下降黏剂的合理用量进行了优化研究。当原油黏度小于 47000mPa·s 时，不使用降黏剂经济效益最优，只注入蒸汽其井筒周围的降黏效果与注入降黏剂相差不大。而原油黏度大于 47000mPa·s 后使用降黏剂效果明显优于不使用降黏剂。不同原油黏度下降黏剂使用情况如图 4-26 所示。

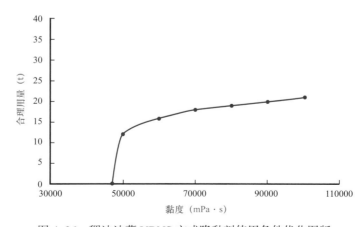

图 4-26 稠油油藏 VDNS 方式降黏剂使用条件优化图版

4）降黏剂注入量

在蒸汽和氮气注入量确定后，利用数值模拟方法对周期间不同降黏剂用量（逐周期递减10%、逐周期递减20%、逐周期递减30%、逐周期递减40%、逐周期递减50%）进行了优化研究，随着降黏剂周期用量递减幅度的增加，净增油百分比先增加后降低，降黏剂周期递减20%时，净增油百分比最大（图4-27），而吞吐四个周期后，再注入降黏剂近井地带降黏效果不明显（图4-28），可以停止注入降黏剂，因此，建议降黏剂周期用量递减20%，四个周期后不再注入降黏剂。

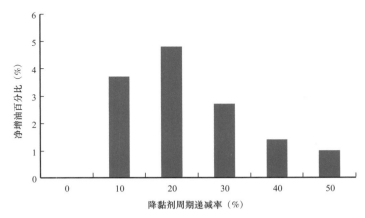

图4-27　VDNS中降黏剂周期用量变化与净增油幅度关系图

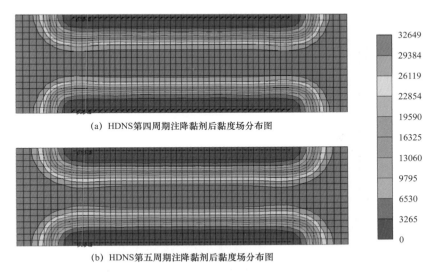

(a) HDNS第四周期注降黏剂后黏度场分布图

(b) HDNS第五周期注降黏剂后黏度场分布图

图4-28　吞吐四周期后降黏剂注入量黏度场分布图

利用薄储层超稠油 HNS-VDNS-VNS（H水平井、V直斜井+D降黏剂+N氮气+S高干度蒸汽）热力复合采油技术，实现了不能动用的2～4m厚度储层有效动用，油汽比提高到0.42（吨油注汽成本180元左右），动用效益差的4～6m以上厚度储层高效开发，油汽比达到0.46以上。

第三节 配套工艺技术

配套水平井均衡注采、水平泵提高单井产能技术，可下至井斜90°位置，泵挂加深100m，生产压差放大1MPa，周期采液量增加41%。

一、注采一体化技术

常规稠油蒸汽吞吐开采需要经过"注汽→焖井→放喷→压、洗井→下泵→开抽"几个过程。转抽过程的作业对稠油开采有诸多不利：一是放喷后不能尽快转抽，缩短了高峰产油期；二是作业过程洗井、压井等工序易对油层造成冷伤害；三是转周期作业施工量大，作业成本高；四是影响油井的生产时率[5]。稠油注采一体化工艺技术可以很好地解决上述问题。该工艺将原有开采工艺缩减为"注汽→焖井→放喷→开抽"过程，利用一趟管柱实现稠油井的注汽、采油两个工艺过程，大幅减少转抽作业工作量，减少冷伤害，提升热利用率[6]。

1. 注采一体化管柱

注采一体化管柱（图4-29）由油管、抽油杆、注采一体化泵、水平井均匀注汽管柱等组成。其中，注采一体井口密封工艺、水平井均匀注汽管柱和注采一体化泵是注采一体化工艺的核心技术。

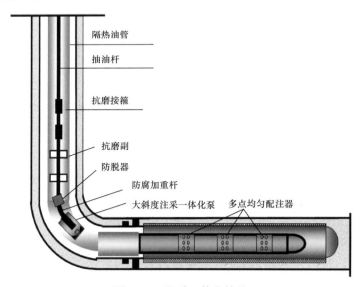

图4-29 注采一体化管柱

对于浅层（油藏埋深<300m），采用普通油管注采工艺；对于中浅层（油藏埋深300~600m），采用普通油管气体辅助隔热注采工艺；对于中深层（油藏埋深>600m）采用常用的隔热油管注汽工艺。

　　注采一体化技术是采用注采一体化泵与相应的配套管柱组合，利用一趟管柱实现稠油井多轮次注汽、采油两个过程转换的工艺技术。注汽时，上提柱塞，蒸汽从地面经过油管（隔热油管）、注采一体化泵、注汽尾管及多点均匀配注器进入地层。转抽时下放柱塞，实现正常采油。

2. 注采一体井口密封技术

1）注抽两用密封器

　　主要由三部分构成：调偏底座、一级密封、二级密封（图4-30）。一级密封填料采用耐高温317℃、高压30MPa锥形密封填料；二级密封密封填料采用石墨密封填料。本装置使用二级密封结构，使密封更加可靠，更有利于注汽时的承压状况；锥形密封填料整体设计，密封更可靠，更换更方便，特殊的锥形设计使密封填料自动锁紧，实现有效密封。密封舱的特殊设计，根本解决了密封填料有效利用率低的问题，只有当密封填料磨损率超过整个密封填料的1/2时才需要更换；二级密封填料预紧弹簧设计，实现密封填料自动补偿，延长了密封填料一次上紧时间周期；与防喷装置配合使用，从根源上避免井喷，实现安全生产；增加了放气阀总成，可以在每次操作前，对井内压力情况进行有效验证。

　　使用柔性石墨材料，具有良好的自润滑及导热性，摩擦系数小，强度高，对轴杆有保护作用；采用两级倒角设计，密封效果好，使用温度 −30～280℃；

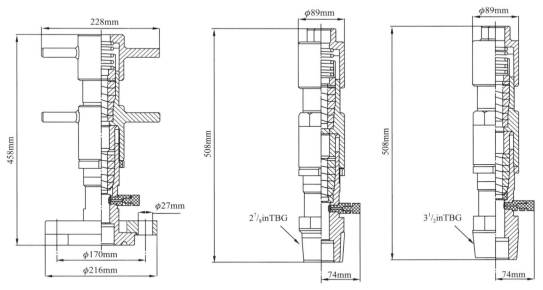

图4-30　密封装置结构示意图

2）井口防喷密封装置

　　装置由内外密封体两部分组成（图4-31），内密封体连接在光杆下端，外密封体连接在密封填料盒下端，需要带泵注汽或更换密封填料时，上提光杆，密封内体进入密封外体，此时注汽压力由内、外体金属件承担（原工艺注汽压力由石墨密封填料承担，因高

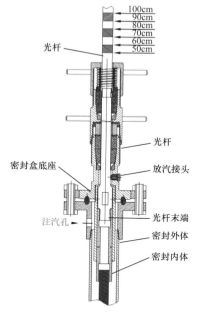

图 4-31 防喷装置结构示意图

温、高压、光杆损伤、刹车失灵等原因，经常因石墨密封填料失效导致井喷发生）。

正常抽油时，打开放汽接头，下放光杆一定距离，内、外体完全脱开，并保持一定距离，实现正常抽油（抽油过程中，密封内、外体不存在接触）。

二、水平泵采油技术

注采一体化泵是注采一体化工艺的核心技术之一。目前在新春公司水平井应用的注采一体化泵主要为大斜度注采一体化泵（图 4-32），斜直井则采用液力反馈式偏置泵。

排 601 稠油区块埋深 420～610m，如果采用水平井开发，那么其造斜点相对较高（150～180m），为建立有效生产压差，要求注采一体化泵下至井斜角 50°～60° 处。注采一体泵主要工艺特点有以下几点。

（1）注抽两用：注抽转换简单可靠，注蒸汽时只需将柱塞总成上提出泵筒，露出注汽孔即可注汽，注汽后下放柱塞遮闭注汽孔即可转抽，能够及时发挥注汽的热采效果，降低采油成本。

（2）防砂卡：采用短泵筒长柱塞结构，正常抽油时，柱塞上出油阀罩始终在泵筒之外，可减轻砂卡柱塞现象的发生。

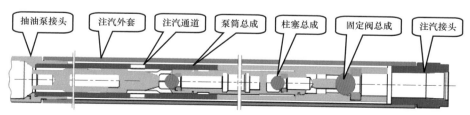

图 4-32 大斜度井注采一体化抽油泵结构图

（3）注汽孔具有泄油功能：作业时，提出柱塞，不需要任何的辅助工具，就可以实现泄油，保证作业井场的安全文明生产，节约作业费用。

（4）抽油泵特殊的柱塞结构，允许与套管最大成 70° 偏角；采用过桥结构，减少泵筒受力，有效防止泵筒变形；采用斜井阀结构，活塞下行时固定阀可实现快速强制关闭，提高采油效率。

（5）针对浅层稠油水平井杆管偏磨严重的问题，配套摩擦系数小、耐磨能力强的双向保护接箍；并实验等径杆减缓偏磨现象。

水平泵较普通泵平均加深泵挂 149.72m，增加垂深 54.58m。周期生产时间由 60d 增至 96d，周期增油 180t，周期产液量由 1340t 增至 2400t，回采水率由 0.52 增至 0.75。该泵的使用延长了油井的生产周期，提高了周期累计产液量和回采水率。

三、水平井均衡注采技术

注采一体化工艺的注汽管柱可以解决笼统注汽方式造成的水平井段局部突进、动用不均匀的问题，从而提高注采一体化蒸汽吞吐井的热能利用率，改善稠油油藏蒸汽吞吐的开采效果。

1. 水平井均匀注汽管柱设计方案

水平井注汽管柱按配注器＋油管组合方式构成。沿长度方向，按流量分配均衡原则设计，配注器孔密度分级变化。在水平井注汽过程中，湿饱和蒸汽首先由垂直井筒进入水平注汽管柱，然后通过配注器的泄流孔进入油套环空内，在环空压力驱动下进入储层（图4-33）。

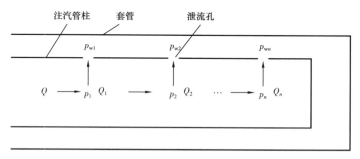

图4-33　注汽管柱配汽过程

2. 蒸汽在注汽管柱内的泄流过程

为了使蒸汽沿整个水平段均匀注入地层，必须满足两个条件。

（1）沿水平注汽段油套环空内压力相等，且大于等于地层压力＋注汽压差，即

$$p_{w1}=p_{w2}=p_{w3}=\cdots=p_{wi}=\cdots=p_{wn}$$

（2）各段注汽量相等，即

$$Q_1=Q_2=Q_3=\cdots=Q_i=\cdots=Q_n=1/n\cdot Q$$

由于摩擦阻力的存在，注汽管柱内各处压力并不相等，因此，需要优化配注器的泄流面积，调节节流压降，以达到油套环空内压力和流量相等的目的。

3. 配注器节流模型

配注器的泄流孔属于薄壁节流孔（图4-34、图4-35）。流体通过配注器流出时，由于泄流孔的节流作用，会产生一定的压降。根据液体流经小孔的流量压力特性，可得到配注器的泄流面积为：

$$A_i=\frac{Q}{nC_d\sqrt{2\Delta p/\rho}}$$

式中　A_i——薄壁节流孔面积，m^2；

　　　C_d——流量系数；

Q——注汽量，m^3；

n——配注器个数；

Δp——节流孔前后压差，即节流压降 Pa ；

Q——流体密度，kg/m^3。

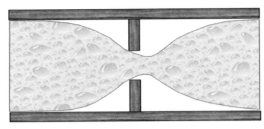

图 4-34　泄流孔节流过程示意图

图 4-35　多点均匀配注器

由于蒸汽在水平注汽管柱内流动时存在压力损失，蒸汽压力 p_i 沿水平段逐渐减小，为了使各段注汽量 Q_i、油套环空内压力 p_{wi} 相等，配注器的泄流孔面积 A_i 需逐渐增大。

4. 数值仿真设计与优化

为达到水平井射孔段蒸汽均匀注入，在定量分析注汽管柱内汽、液两相流压和干度变化规律的基础上，以注汽段流量均匀分布为目标函数，对注汽管柱设计参数（配注器数量、配注器泄流孔个数及布置形式等）进行了数值仿真，开发了水平井注汽参数优化设计软件。该软件适用于油田水平井热采工艺，只需输入相关的注汽参数（井口压力、流量）、管柱规格和储层物性参数，即可对注汽管柱内汽、液两相流进行热动力学分析，并对水平注汽管柱结构参数进行优化。

四、环空注氮隔热技术

为优选最佳的注汽工艺管柱，按隔热管、隔热管 + 环空充氮气、油管、油管 + 环空充氮气四种管柱组合，计算了不同注入压力和注汽速度下井底热力参数。注入速度对井底热力参数的影响如图 4-36 所示。

从图 4-36 可以看出：（1）注入速度越高，井底干度越高，热损失率越小；（2）井筒隔热效果越差，低注速对井筒热损失影响越大；（3）对于浅层超稠油油藏，注汽速度越高，不同管柱的热损失差别越小。

利用氮气导热系数低的特点，在注汽过程中进行隔热、保温，以取代隔热管 + 封隔器的老式隔热方法。并在注汽的同时，往地层注入适量的氮气，以提供驱替油流及冷凝水的能量，可显著地提高注汽效果。氮气隔热、助排技术的方法是从油管中注汽，在油管与套管环空中注氮进行隔热（图 4-37），同时注入适量的氮气以便助排。通过使用配套注汽工艺，减少了热损失，水平段可以达到 150℃以上（图 4-38）。

现场应用及效果：（1）在春风油田，在排 601 和排 6 区块全面大规模应用 800 多次，累计注入氮气 $1.67 \times 10^6 m^3$，注汽有效率 95% 以上；（2）井筒热损失下降，水平段温度达到工艺要求。

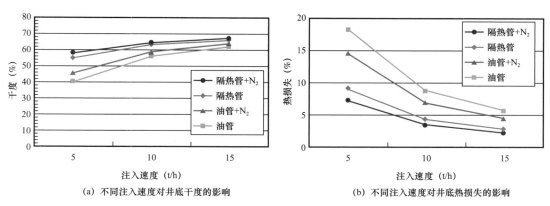

（a）不同注入速度对井底干度的影响　　　　　　　（b）不同注入速度对井底热损失的影响

图 4-36　不同管柱组合对井底热力参数的影响

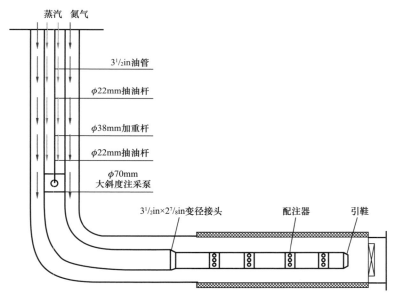

图 4-37　井筒注汽隔热示意图

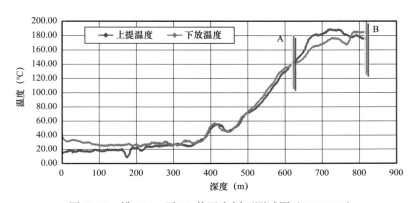

图 4-38　排 601—平 51 井温度剖面测试图（2011.8.2）

第四节 春风油田热／化学复合开发实践

一、开发历程与现状

1. 开发历程

春风油田自 2009 年排 601 北区第一口水平井采用 HDNS 技术投产取得产能突破。拉开了春风油田浅薄层稠油开发的序幕。自 2010 年排 601 北区投入开发，到 2015 年逐年投入新的产能区块，2016 年、2017 年受油价影响无新区块投产，2018 年、2019 年又陆续投入新的区块，随着投产区块的增加，区块月产油呈增加趋势，目前区块月产油 78324t，日产液呈逐渐增加趋势，日产油先增加后略降低，目前日产油能力 230.8t。综合含水呈逐年缓慢上升的趋势，目前含水 82.4%，年产油随着新区块的投入开发逐年上升，2015 年年产油量达到 100×10^4t，建成百万吨产量基地，后期年产油基本稳定在 100×10^4t（图 4-39）。

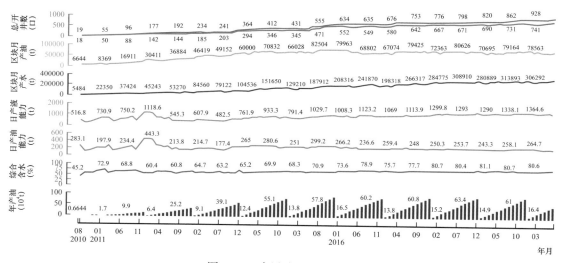

图 4-39 春风油田开发曲线

2. 开发现状

春风油田沙湾组截止到 2020 年 7 月共投产 12 个区块，生产井 980 口，目前开井 794 口，日产液水平为 1297.3t，日产油水平为 230.3t，单井日产油能力为 3.5t，综合含水 82.2%，累计产油 751×10^4t，采油速度为 1.89%，采出程度为 15.1%。区块处于高采油速度、中高采出程度、中高含水开发阶段。

二、开发动态与效果

春风油田目前投产区块 12 个，投产总井数 980 口，目前开井 794 口，大部分井进入高轮次吞吐阶段，随着周期的延长，生产效果变差。

1. 日产油变化

投产初期日产油较高，约 8t，后期随着投入新区块和新井的减少、地层压力的下降等因素的影响，日产油逐渐降低，2015 年以后产量开始出现递减，年递减率 8.8%（图 4-40）。

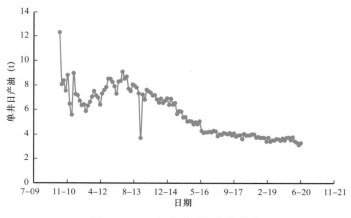

图 4-40　日产油随时间变化曲线

2. 含水率变化

投产初期由于新区块新井的不断投入开发，含水基本稳定在 65% 左右，后期随着生产时间的延长，油藏内存水量的增加，含水逐渐增加，目前含水 82%～83%（图 4-41）。

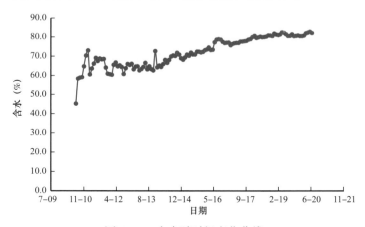

图 4-41　含水随时间变化曲线

3. 周期效果评价

1）周期生产时间

由于该块埋藏浅，有效厚度薄，原油黏度高，油藏温度低，初期周期生产时间短，仅 70～80d。随着吞吐周期的增加，油藏温度逐渐升高，原油流动性增强，生产时间增加到 120d 左右（图 4-42）。

2）周期产油量

随着吞吐周期的增加，周期产油量先增加后降低，第四个周期达到峰值（图 4-43），符合超稠油油藏产量变化规律。初期地层温度低，原油黏度高，原油在地层内流动性差，产量低，随着蒸汽不断注入，地层逐渐被加热，加热半径增加，产量增加，随着轮次增加，地层压力下降，加热半径变化较小，周期产量降低。

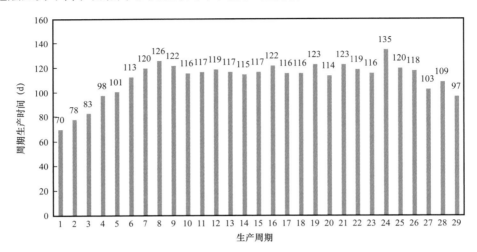

图 4-42　生产时间随周期变化柱状图

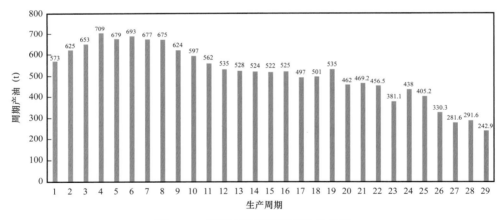

图 4-43　周期产油随周期变化柱状图

3）周期日产油

随着吞吐周期的增加，单井日产油逐渐降低，初期周期产量递减 6.1%，后期产量较低，周期间产量递减率 3.5%，目前周期平均日产油 2.5t（图 4-44）。

4）周期油汽比

随着吞吐周期的增加，周期油汽比呈先增加后降低的趋势，初期油汽比在 0.5 以上，目前油汽比仅 0.15 左右（图 4-45）。

5）周期含水率

随着吞吐周期的增加，周期含水逐周期上升，上升速度 1.25%，目前周期含水 89% 左右（图 4-46）。

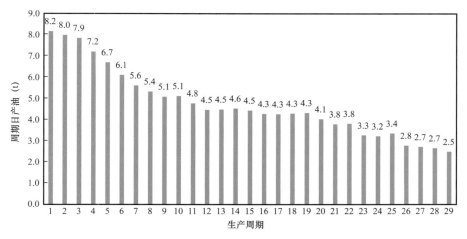

图 4-44　周期日产油随周期变化柱状图

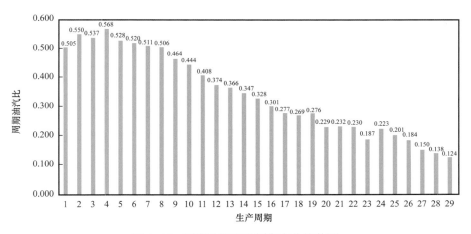

图 4-45　周期油汽比随周期变化柱状图

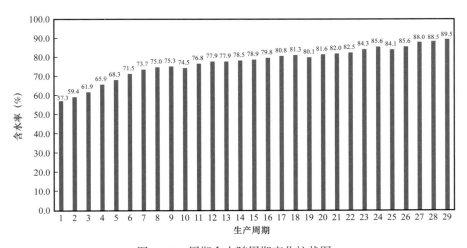

图 4-46　周期含水随周期变化柱状图

参 考 文 献

［1］庄圆，杨凤丽.春风油田石炭系火山岩油气层综合判识研究［J］.新疆地质，2019，37（2）：231-236.Resource Assessment. Acta Geologica Sinica（English Edition），2019，93（1）：199-212.

［2］张帅.春风油田排609地区储层描述研究［J］.内蒙古石油化工，2018，44（2）：122-124.

［3］刘京煊.春风油田排601中区沙湾组油藏精细描述研究［D］.青岛：中国石油大学（华东），2016.

［4］Du Y，Wang Y，Jiang P，et al. Mechanism and Feasibility Study of Nitrogen Assisted Cyclic Steam Stimulation for Ultra-Heavy Oil Reservoir［C］. SPE 165212，2013.

［5］王丽.哈萨克斯坦S区块K油田稠油油藏蒸汽吞吐开采技术研究与应用［D］.大庆：东北石油大学，2016.

［6］智勤功.蒸汽吞吐井长效防砂管柱设计及相关工艺研究［D］.青岛：中国石油大学（华东），2013.

第五章　深层超稠油二氧化碳强化热力开发技术

我国稠油油藏类型多，原油性质变化范围大，分为普通稠油（50～10000mPa·s）、特稠油（10000～50000mPa·s）、超稠油（大于50000mPa·s）三类，而且油藏埋深幅度大，有浅层（<600m）、中深层（600～900m）、深层（900～1300m）、特深层（1300～1700m）到超深层（1700m以上）[1-2]。胜利油田根据稠油的实际开发状况，对黏度大于50000mPa·s的超稠油进行细分，对黏度大于100000mPa·s的超稠油称为特超稠油。

第一节　深层稠油油藏开发特征

一、典型深层稠油油藏特征

1. 油藏特征

胜利油田特超稠油油藏区块包括坨826、郑411和单113，属于沙三上亚段，油藏埋深一般在1300～1520m，孔隙度为31%～35%，渗透率为1000～5000mD，有效厚度4～40m，油藏温度下地面脱气原油黏度为$10×10^4$～$34×10^4$mPa·s，油藏类型为具边底水的岩性构造特超稠油油藏[3]。

2. 油藏流体物性

特超稠油中的胶质和沥青质含量高，以胜利油田特超稠油为例，胶质、沥青质含量在50%左右，最高达60%，特超稠油中大量的固态烃、沥青质和胶质决定了原油黏度大、流变性能差[4]。

原油密度与其组分相关，因各个油田地质情况不同，特超稠油的密度会有所区别，即使同一油田，不同油井取样原油密度也有区别，郑411块原油密度为0.97～1.0448g/cm³，坨826块原油密度为0.9506～1.253g/cm³，单113块原油密度为0.9742～1.0222g/cm³。

原油黏度反映了流体在流动过程中内摩擦阻力的大小，原油的黏度直接影响原油在地下的流动和渗流能力，所以原油黏度是反映原油的流动性能的重要参数之一[5]。

原油黏度越大，动用越困难，从王庄油田特超稠油区块郑411和坨826块不同温度下的单井原油黏度可以看出，温度由60℃上升至80℃，原油黏度降低87%～89.8%，说明特超稠油对温度敏感性较强（表5-1）。

表 5-1 胜利特超稠油单井原油黏度

油样	黏度（mPa·s）	
	60℃	80℃
郑 411—平 59	112000	14397
郑 411—平 1	328000	38092
坨 826—平 1	384000	39242

二、深层稠油开发技术难点

（1）稠油黏度高，注汽压力高，直井注蒸汽吞吐不出油。

胜利特超稠油区块在地层条件下黏度高于 $10 \times 10^4 mPa·s$，直井注汽压力高达 $20 \sim 21MPa$，注汽干度为 0，注汽质量差，导致直井蒸汽吞吐工艺无法突破出油关。

（2）油藏埋藏深，注汽热损失大。

胜利油田特超稠油油藏埋深为 1100～1500m，而国内外已开发的特稠油油藏埋深一般小于 800m。在相同井口注汽干度条件下，伴随着埋藏深度的增加，井口注汽压力逐渐增大，井筒、地层热损失增大，注汽质量难以保障。如郑 411 试采阶段井口注汽压力达到 20MPa 以上，达到亚临界锅炉注汽的极限，被迫以损失部分干度为代价保障完成注汽量；此外井筒热损失加大，相同注汽条件下 1400m 井筒热损失为 9.1%，800m 井筒热损失为 5.2%。与辽河油田曙光、欢喜岭稠油油田相比，胜利油区超稠油热采井在现有工艺条件下，注汽压力高、干度低，造成蒸汽吞吐效果极差。

（3）开发方式选择难度大。

特超稠油油藏吞吐采收率较低，预测只有 10.2%，必须研究进一步提高采收率的开发方式，国内外主要的开采方式是蒸汽辅助重力泄油（SAGD）。SAGD 要求油藏压力较低，注入蒸汽形成蒸汽腔，油层厚度大于 20m 以上[6]，而胜利油田特超稠油油藏埋藏深，油层薄，具有一定的边底水，油藏厚度和压力无法达到 SAGD 的要求，因此必须探索特超稠油油藏的开发方式，提高特超稠油采收率。

三、深层稠油开发技术方向

针对特超稠油油藏埋藏深、原油黏度高，导致注汽压力高、热波及范围小、热损失大和回采效果差的开发现状，通过大幅度降低近井地带原油黏度来降低注汽启动压力；通过大幅度扩大热波及范围和前缘低黏区确保注汽质量；通过大幅度改善地层的渗流条件提高回采能力；通过应用水平井和配套相应工艺技术来实现有效开发。通过完善配套特超稠油油藏开采工艺技术，优化开发技术经济界限，探索水平井蒸汽驱提高特超稠油油藏采收率技术，实现中深层特超稠油油藏的经济有效动用[7]。

根据上述思路，经过大量的室内实验和现场试验，逐步确立并形成了深层超稠油二氧化碳强化热力开发技术。二氧化碳强化热力开发技术实现了中深层特超稠油油藏的有效开发。

（1）坚持深化特超稠油渗流机理研究。

开展特超稠油胶体微观结构分析，对特超稠油胶体特征、微观分子结构进行分析，探索其高黏度、高启动压力的微观机理；开展特超稠油启动压力、流变特性、相渗规律的分析研究，明确特超稠油在油藏条件下的渗流规律。

（2）开发技术经济界限研究。

开展水平井化学辅助吞吐的轮次、井网井距、注采参数等优化研究，确定吞吐的经济技术界限；开展双水平井驱泄混合提高特超稠油采收率技术研究，优化转驱时机、注采参数，预测不同方式开发效果，实现特超稠油油藏提高采收率的目标。

（3）采用强化采油技术实现超稠油的有效动用。

开展二氧化碳、高温驱油剂、油溶性降黏剂改善吞吐开发效果机理研究，从蒸汽化学剂对特超稠油物性影响、洗油效率、波及效率影响分析其改善吞吐开发效果的主要机理，利用特超稠油胶体模型从分子层面研究二氧化碳同特超稠油相互作用，解释其改善开发效果的核心因素。

第二节　深层稠油开发技术优化

一、二氧化碳强化热力开发政策界限

应用 CMG 公司的 STARS 热采软件进行了数值模拟研究。将油、水、N_2/CO_2、降黏剂分别作为独立的组分，在 STARS 模型中输入气体密度、气体黏度、热膨胀系数，气液热容量关系式系数和气化潜热等与油层温度、压力有关的参数，应用 winprop 模块计算水、N_2/CO_2、降黏剂三组分在不同温度、压力下的气液平衡常数，模拟 N_2/CO_2、降黏剂的各种作用，利用黏度的线性混合法则，计算原油溶解 N_2/CO_2、降黏剂后的黏度。

由于特超稠油原油黏度大，油藏压力下很难实现混相，模型中不考虑混相驱。

建立多组分、多相模型（表 5-2），给出各组分相态临界压力温度，压缩系数，热膨胀系数，气液热容量关系式系数和汽化潜热，利用 CMG 软件实现热/化学辅助蒸汽功能的开发。

表 5-2　水蒸气、油、CO_2、降黏剂的组分及相态

组分	相态		
	水相	油相	气相
水蒸气	×		×
油		×	
降黏剂		×	
CO_2	×	×	×

1. 极限厚度

通过建立不同类型稠油油藏水平井井组概念模型，研究了极限厚度与流度的相关关系。不同流度和极限厚度关系曲线表明（图 5-1），随着原油流度的增大，油藏动用的极限厚度逐渐变薄，特超稠油油藏动用的极限厚度明显大于超稠油和特稠油油藏，其中厚层的坨 826 块和单 113 块极限厚度为 20m 和 15m；深层的埕 911 和埕 91 极限厚度为 6m 和 8m；超稠油草 27 块极限厚度为 5m；特稠油坨 154 的极限厚度为 3.4m。

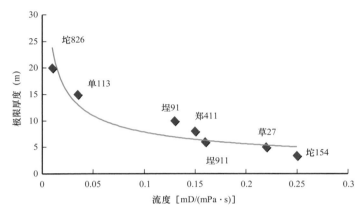

图 5-1　不同流度与极限厚度关系曲线

2. 合理井距

稠油合理的井距应满足以下几项原则：

（1）合理的单井控制储量，较高的采收率；

（2）具有一定的经济效益；

（3）后期能够有效蒸汽驱。

不同油藏厚度与井距关系表明（图 5-2），随着油层厚度的增大，油藏的合理井距逐渐变小，油层厚度 5~10m 合理井距为 100~175m；油层厚度 15~20m 合理井距为 75~100m；油层厚度 30m 以上合理井距为 50m 左右。

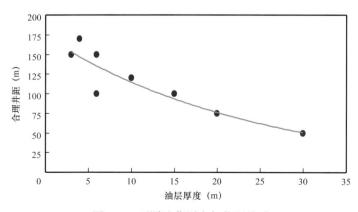

图 5-2　不同油藏厚度与井距关系

3. 水平井长度

在目前吞吐工艺条件下，当井底干度为 0.4 时，水平段长度超过 200m 以后，蒸汽干度已降为 0，热采水平井段的最佳长度 200m 左右（图 5-3）。

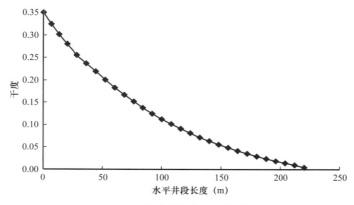

图 5-3　水平井长度与干度关系

4. 距边水距离

极限厚度与距边水距离关系表明（图 5-4），随着油层厚度的增大，距边水距离越小，3m 的油层厚度距边水 370m 左右，6m 的油层厚度距边水 170m 左右，10m 的油层厚度距边水 100m 左右。

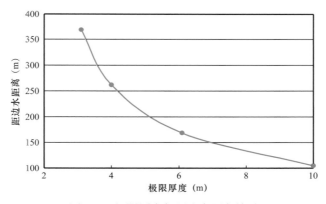

图 5-4　极限厚度与距边水距离关系

二、注采参数优化

通过不同类型深层超稠油二氧化碳强化热力开发技术的注入参数研究发现（图 5-5），随着原油黏度和水平段长度的增大，蒸汽、二氧化碳和降黏剂的注入量都逐渐增大。当原油黏度达到 300000mPa·s 后，蒸汽、二氧化碳和降黏剂的注入量的变化不再那么明显。三者中，水平段长度对二氧化碳用量的影响最大，对降黏剂用量的影响最小。其优化配比为：水平段长度 200m、降黏剂 44t、二氧化碳 113t、蒸汽 2520t。

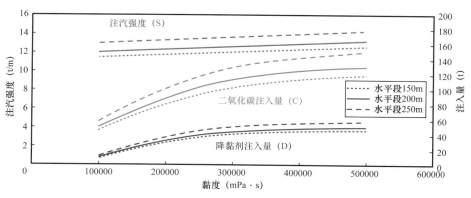

图 5-5　不同类型稠油油藏注入参数关系曲线

第三节　配套工艺技术

一、全密闭高压注汽工艺技术

薄层稠油油藏一般注汽压力高，注汽困难，难以保证注汽质量。因此降低注汽压力，降低注汽热损失，保证注汽质量，是成功开发薄层稠油油藏的关键[8]。

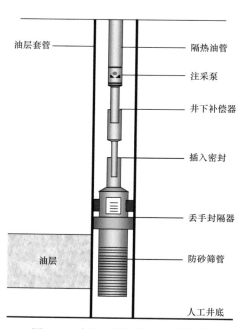

油层套管——隔热油管

——注采泵

——井下补偿器

——插入密封

——丢手封隔器

油层

——防砂筛管

——人工井底

图 5-6　直井全密闭注汽工艺管柱

井口注汽压力达到 20MPa 时，井底压力处于超临界状态，目前注汽锅炉无法正常工作，因此对于井口注汽压力较高的井应采取相应的如防膨、注 S-5 降低注汽压力等技术，控制井口注汽压力在 19MPa 以下[9]。

新型的全密闭注采工艺管柱结构为（自上而下）："隔热管 + 注采泵 + 井下热力补偿器 + 隔热管 + 插入密封 + 丢手封隔器"（图 5-6）。

这种井筒隔热方式是针对注汽封隔器以下至防砂鱼顶之间的套管在注汽过程中处于裸露状态而设计的，称为全密闭注汽工艺管柱，该工艺管柱将隔热油管通过密封插头直接与防砂管柱相连，使高温蒸汽通过隔热油管、防砂管直接进入油层，这种全密封注汽工艺管柱避免了蒸汽对套管裸露段的直接冲击，防止套管损坏，同时可以减少注汽热损失，达到保护套管，提高注汽质量的双重目的。

采用全密闭注采一体化工艺管柱，使用特种采油泵与配套的杆管组合，采用一趟管柱实现注汽、采油两个工艺过程，即转抽、转注均不动管柱。全密闭注采工艺管柱具有以下技术优势：

（1）充分利用注汽后地层处于高温状态的有利条件，不动管柱直接转抽，并可实现多轮次的注汽—抽油过程；

（2）能避免或减少转抽作业时的洗井、压井作业，减少了入井液体对油层的冷伤害；

（3）隔热油管的保温效果，能减少井筒散热，提高产液温度，延长生产周期；

（4）转抽方法简单，可节省大量的作业工时和费用，减轻了工人的劳动强度，管柱具有自泄油功能。

二、亚临界状态下注汽监测

郑王庄油田注汽压力大都在 17MPa 以上，有的注汽井压力达 20MPa 以上，甚至有的注汽井必须打排放注汽。一种能在线测量注汽过程中的流量、干度等参数的亚临界汽水两相流量计可以解决注汽的盲目性。

1. 结构组成

亚临界汽水两相流量计主要由仪表体、变送器和工控机三部分组成（其仪表整体结构图如图 5-7 所示）。

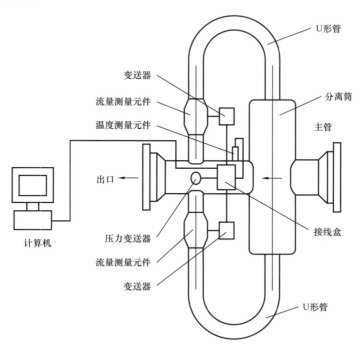

图 5-7　亚临界汽水两相流量计结构示意图

仪表体采用了便携式结构，主要由主管、分离筒（主要是由分配器和分离器组成）、U 形管、流量测量元件和温度计套管组成。各部件的质量均小于 10kg，相互之间可以脱开，分别进行安装和拆卸。主管通过卡箍连接在注汽管线内，分流体测量管路通过两个截止阀与主管相连。截止阀一端焊接于主管上，另一端经过螺母—石墨密封件与分流体测量管路相连。测量仪共使用了 4 个变送器，变送器也通过活接头连接在测量管路上，4 路信号线在接线盒内集中后再通过活动插头传输到电缆上，屏蔽电缆与工控机连接。工控机内包括直流电源、A/D 卡、主机及显示器等。

2. 工作原理

被测两相流体（蒸汽）进入主管流过分配器时被分成两部分，一部分（80%～90%）沿原通道继续向下游流动，称这部分流体为主流体，这一支路为主流体回路；另一部分两相流体（1%～20%）则进入了分离器，称这部分流体为分流体，这一支路为分流体回路。分流体经分离器分离后，气体和液体分别进入气体流量计和液体流量计进行计量，最后重新与主流体汇合。测得流量、干度和压力等数据在工控机的显示屏上显示，流量、干度和压力等测量值每 1min 更新一次，每 10min 存储一组数据，每天自动生成一个数据文件存储在工控机的硬盘上，可随时调出查看每天的注汽情况，也可以调出保存和打印。

3. 技术参数

流量测量范围：4～11.5t/h；干度测量范围：20%～85%；最高工作压力：22MPa；最高工作温度：374℃；流量测量精度小于 5%；干度测量精度小于 6%（绝对误差）。

4. 技术特点

分流分相法是将两相流体的流量测量变成了单相流测量，同时又具有很小的体积，便于做成仪表广泛应用。由于所有仪表都工作在单相流中，因而，不但能显著提高测量仪表的稳定性和可靠性，而且测量过程与流体的性质无关，既适合于亚临界注蒸汽测试，也适合于高压注蒸汽测试。它可以连续不间断对整个注汽过程进行测试，起到对整个注汽过程中注汽质量的监督，也可以对高压难注打排放进行注汽的井进行流量的准确计量。

三、稠油油藏储层改造技术

1. 复合有机酸酸化技术

针对黏土含量较高的油井，研发了一种温敏有机缓释酸体系，即在某一温度下开始反应生成酸体系，随着温度的升高，酸的生成量越多，溶蚀黏土也越多，直到缓释酸体系反应完全为止。

1）有机缓释酸体系主剂的筛选

以水解性、温敏性、安全性和成本为筛选的原则，对 11 种热敏酸的种类进行了考察。往中间容器中加入 100mL 的蒸馏水，把中间容器拧紧放入干燥箱中，将温度分别设定 80℃、100℃、120℃、130℃、140℃下，加热 4h 后取出一定体积的量用甲基橙或 pH 试纸进行测定。

测定结果可以看出酯类物质产生的酸性太弱，不能有效的作为热敏酸，而有机缓释酸 SLHS 在 120℃下，加热 4h 后溶液的 pH 值达到 3 左右，并且水中的有机缓释酸 SLHS 并未完全溶解，所以热敏酸初步选定有机缓释酸 SLHS。

2）热敏酸温敏性能测试

称取 10.0g 的有机缓释酸 SLHS 和 200mL 的蒸馏水放入改装的中间容器中，将装好药品的中间容器放入干燥箱中，设定温度 120℃，待温度到达 120℃时让其反应 2h，取出一定体积的溶液测其 pH 值，再将温度分别设定 130℃、140℃、150℃，待其温度达到设定温度时，让其反应 2h，取出一定体积的溶液测定其 pH 值（表 5–3）。

由于有机缓释酸 SLHS 通过与水作用水解反应释放出潜在酸，当温度升高时，平衡往右移，有利于 HCl 的生成。当从中间容器底部阀门取出一部分溶液时，容器中的压力减小，反应向体积减小的方向移动，也有利于 HCl 的生成，从而说明有机缓释酸 SLHS 可能成为理想的热敏酸。

表 5–3　温度对有机缓释酸 SLHS 的作用

温度（℃）	$V_{酸}$（mL）	V_{NaOH}（mL）	［H^+］	pH 值
20				7
120	23	0.3	0.001304	2.88
130	24	1.3	0.0054	2.27
140	23	4.6	0.02	1.70
150	27	14.1	0.05	1.28

3）辅助添加剂的筛选

辅助添加剂主要用于抑制酸液对施工设备和管线的腐蚀，减轻酸化过程中对地层产生新的伤害，提高酸化效率使之达到设计要求。

SCH–1、U66、EGMBE 三种互溶剂与主剂配伍性良好，针对这三种与主剂配伍的互溶剂进行研究。由实验结果可知，评价的三种互溶剂都有较好的破乳性能，但在最初的 30min 内，SCH–1 的破乳效果明显好于其他两种，说明其破乳效果最好（表 5–4）。

表 5–4　原油和残酸乳状液的破乳出水率试验数据

互溶剂	13%CCl₄+6%NH₄F+20mL 的原油 +2mL1%NaOH			
	30min	60min	90min	120min
5%EGMBE	40.5%	85.0%	90.0%	92.0%
5%U66	35.0%	85.0%	87.5%	92.0%
5%SCH–1	75.0%	90.5%	93.0%	97.5%

铁离子稳定剂用来稳定铁离子，防止酸变成残酸（pH＞2）时，生成凝胶状氢氧化铁沉淀，伤害油层，从而影响了酸化效果。通过实验结果表明（表 5–5），WD–8 稳定铁离子的能力较好，实验选用 WD–8 为酸化用铁离子稳定剂。

表 5-5 不同铁离子稳定剂稳定铁能力实验结果

铁离子稳定剂代号	铁离子溶液加量（mL）	试样浓度（g/mL）	试样加量（mL）	铁离子能力（mg/g）
0.6%EDTA	33.8	20/500	50	84.5
0.6%NTA	23.8	20/500	50	59.5
0.6%WD-8	37.0	20/500	50	93.5

7701、CT1~2、鲁青-3、LG-Ⅱ、KH-91 等 5 种缓蚀剂与有机缓释酸体系主剂具有良好的配伍性。由缓蚀结果可以看出（表 5-6），7701、CT1~2、鲁青-3、LG-Ⅱ、KH-91 等 5 种缓蚀剂都具有良好的缓蚀效果，LG-Ⅱ比其他四种缓蚀剂的缓蚀性能都好，因此选用 LG-Ⅱ作为实验的缓蚀剂。

表 5-6 缓蚀试验结果

序号	缓蚀剂	钢片的面积（$10^{-4}m^2$）	失重（g）	缓蚀率 [g/（$m^2 \cdot h$）]
1		13.1	6045	985.0
2	2%7701	12.7	0.0096	1.51
3	2%CT1~2	12.5	0.0089	1.42
4	2% 鲁青 -3	12.4	0.0080	1.29
5	2%LG-Ⅱ	13.5	0.0080	1.19
6	2%KH-91	13.8	0.0090	1.30

通过对以上实验的研究，确定有机缓释酸体系的配方比例为 13% 有机缓释酸 SLHS+6%NH_4F+5%SCH-1+0.6%WD-8+2%LG-Ⅱ，通过岩心流动实验可以对有机缓释酸体系进行性能的评价。

2. 泡沫酸洗与冲砂技术

泡沫流体在油气田开发中的应用始于 20 世纪五六十年代，近年来，由于国内油气田相继进入开发的中后期，以及低压、低渗透、稠油等难开发油藏所占比例的增加，泡沫流体在油气田开发中的应用越来越多。针对目前特超稠油油藏热采水平井存在解堵处理困难的问题，从泡沫机理研究入手，开发了水平井泡沫酸洗（酸化）技术和水平井泡沫冲砂技术，获得良好的现场应用效果。

泡沫流体是由不溶性或微溶性的气体分散于液体或固液混合流体中所形成的分散体系，泡沫中的气相一般为 N_2、CO_2 或空气。泡沫流体的物性参数与很多因素有关，在相同的起泡液体系中，其物性参数主要受泡沫质量的影响。泡沫质量（也称作泡沫特征值或泡沫干度）是指一定温度和压力下，单位体积泡沫中气体体积含量。泡沫质量的变化会影响到泡沫的各项性能参数，特别是流变参数，不同目的的应用需要控制不同的泡沫质量。

在室内实验及数模的基础上进行了泡沫酸返排技术的可行性研究及参数优化设计。

1）泡沫酸洗方案设计方法

根据油井使用的钻井液类型及储层的敏感特性进行酸液的配方筛选。

根据井段长度和井筒容积确定需要的泡沫体积；确定井段的泡沫压力和泡沫质量；酸洗过程中井段泡沫压力应与地层压力保持平衡，这样既减少了泡沫向地层的漏失又避免地层液向井筒内的流动，根据地层压力确定井底泡沫压力；根据井底泡沫压力和泡沫质量进行井筒压力场的计算；根据井底泡沫压力和泡沫质量进行井筒温度场的计算；根据井段长度和污染长度计算所需酸液性质及浓度；根据井筒计算确定井口参数：气体流量、液体流量、酸液流量、注入压力等施工参数。

2）泡沫冲砂、解堵方案设计方法

确定井段的泡沫压力和泡沫质量。冲砂解堵过程中井段泡沫压力应该与地层压力保持平衡，这样既减少泡沫向地层的漏失又避免地层液向井筒内的流动，根据地层压力确定井底泡沫压力；根据井筒内堵塞物最大粒径计算安全泡沫质量及泡沫流体排量范围；综合1和2的条件要求，选取同时满足两个条件的泡沫状态进行井筒压力计算；根据井底泡沫压力和泡沫质量进行井筒温度场的计算；根据井筒计算确定井口参数：气体流量、液体流量、酸液流量、注入压力等施工参数。

泡沫冲砂和泡沫酸洗技术主要应用在，一是生产过程中近井地带发生堵塞的老井，二是即将投产的新井。老井主要是在冲砂的同时，解除有机、无机复合堵塞，新井主要开展泡沫酸化，解除钻井过程中的伤害、完善射孔炮眼、改善近井地带渗流状况，提高砾石充填的填砂量。该技术成功实现生产井冲砂，解除进井地带的封堵和伤害，达到了降低生产压差、增加原油产量的目的。

四、井筒降黏举升技术

改善井筒流体流动条件的举升工艺方法（井筒降黏技术）是指通过热力、化学、稀释等措施使得井筒中的流体保持低黏度，从而达到改善井筒流体的流动条件，缓解抽油设备的不适应性，提高稠油的开发效果等目的的采油工艺技术。该技术主要应用于稠油黏度不是很高或油层温度较高，所开采的原油能够流入井底，只需保持井筒流体有较低的黏度和良好的流动性，采用常规开采方式就能进行开采的油藏。

井筒降黏技术主要包括掺化学剂降黏、掺稀油降黏和电加热降黏技术。

1. 井筒化学降黏工艺技术

井筒化学降黏技术是指通过向井筒流体中掺入化学药剂，从而使流体黏度降低的开采稠油的技术。其作用机理是：在井筒流体中加入一定量的水溶性表面活性剂溶液，使原油以微小油珠分散在活性水中形成水包油乳状液或水包油型粗分散体系，同时活性剂溶液在油管壁和抽油杆柱表面形成一层活性水膜，起到乳化降黏和润湿降阻的作用。活性剂水溶液的浓度要适当，浓度过低不能形成水包油型乳状液，浓度过高时乳状液黏度进一步下降幅度不大，采油成本提高，经济上不合算，而且有些化学药剂（如烧碱、水玻璃等），在高浓度时易形成油包水型乳状液，反而会造成原油黏度的升高。温度对已形成的乳状液黏度影响不大，但它影响乳化效果。实验证明，随着温度的提高，乳化效果变好。水液比是指活性水与产出液总量的比值，它直接影响乳状液的类型、黏度和油井产油量。

井筒化学降黏工艺包括油套环空掺化学剂和空心杆掺化学剂。油套环空掺化学剂降黏工艺是油管柱上装有封隔器和单流阀，活性剂溶液通过油管柱上的单流阀进入油管与原油乳化，达到降黏的目的。根据单流阀与抽油泵的相对位置又可分为泵上乳化降黏和泵下乳化降黏。空心杆掺化学剂降黏工艺是从空心杆中注入活性剂溶液，活性剂溶液通过空心杆底部的单流阀进入油管与原油混合，从而达到降黏的目的。根据掺入点的位置空心杆掺化学剂也可分为泵上乳化降黏和泵下乳化降黏。

2. 井筒掺稀油降黏工艺技术

实验室研究表明，掺稀油对稠油都有明显的降黏效果。掺稀油降黏时，掺入稀油的比例、掺入温度、混合效率等对降黏效果都有一定影响，一般来说，掺入稀油的比例越高，掺入温度越高，混合时间越长，降黏效果越好。考虑到举升成本，应尽可能地减小稀释比。实验室研究结果是用稀油作稀释剂，在稀稠比为 3 : 7 时，就能达到好的效果。井筒掺稀油降黏工艺技术与化学降黏工艺技术相似。

3. 电加热降黏工艺技术

电加热降黏工艺技术主要是针对稠油黏度对温度敏感的特性，利用电热杆或伴热电缆，将电能转化为热能，提高井筒生产流体温度，以降低其黏度和改善其流动性。

在电加热降黏技术的工艺设计中关键是确定加热深度和加热功率两个主要参数。加热深度根据井筒中生产流体的温度、黏度分布及流动特性等为基础确定；加热功率的大小取决于所需的温度增值，要通过设计使得井筒内的生产流体具有低黏度和较好的流动性，同时考虑到节省材料和节约能源，因此要根据油井的具体情况确定合理的加热深度和经济的加热功率。

第四节　王庄油田郑 411 块油藏开发实践

深层超稠油二氧化碳强化热力开发技术自 2005 年开始在王庄油田郑 411 现场试验获得成功后，之后该技术在王庄油田垞 826、乐安油田草 109、草 705 等区块推广应用，从结束周期的 156 井次生产情况来看，平均单井注汽压力比之前降低 1～3MPa，平均单井周期产油量 1701t，平均单井周期日产油 10.7t，周期油汽比 0.84t/t。该技术实现了特超稠油油藏的经济有效动用，也为其他类似油藏的开发提供了技术经验。由于郑 411 块在吞吐生产过程中，也实施了汽驱井组试验，故典型油藏开发实践以郑 411 块为例。

一、油藏地质特征

王庄油田郑 411 块位于王庄油田西部，构造上处于东营凹陷北部陡坡带西段，北靠陈家庄凸起，西为郑家潜山，南邻利津油田。郑 411 块主力开发层系沙三上，砂体埋深

1300～1430m，2003 年上报探明储量 1825×10⁴t。

1. 地层与构造特征

郑 411 块含油层系沙三上亚段为一套以含砾砂岩为主的砂砾岩体，砂砾岩体分为上、下两个砂体（$E_3s_{31}1$、$E_3s_{31}2$），其中 $E_3s_{31}1$ 砂体分布稳定，而 $E_3s_{31}2$ 砂体为不同时期沉积的多套砂体的叠置，没有稳定的隔、夹层分隔，统一作为一个砂体处理。平面上，两个砂体均为全区分布，其中 $E_3s_{31}1$ 砂体厚度相对稳定，是本次先导试验的目的层，而 $E_3s_{31}2$ 砂体厚度相差较大。

郑 411 块为北高南低的"沟梁相间"单斜构造，地形整体上向南偏东方向倾斜，呈现北高南低特征，倾角 1.3°～4.2°，砂体埋深 1300～1380m。

2. 储层特征

郑 411 块砂砾岩体 $E_3s_{31}1$ 岩性以富含稠油含砾砂岩为主，细砂岩次之，夹有薄层泥质砂岩和砂质泥岩。

$E_3s_{31}1$ 粒度中值平均 0.29mm，分选系数平均 1.72，反映 $E_3s_{31}1$ 粒度较细，分选稍差。砾石成分以石英为主，长石次之，砾径最大 6～7mm，一般为 1～3mm，呈次圆状；胶结物均以泥质为主，孔隙式胶结，颗粒支撑，点接触，结构疏松；沉积颗粒磨圆度为次棱角状，分选中等—差；风化中等。

$E_3s_{31}1$ 砂体以富含稠油含砾砂岩为主，夹有薄层泥质砂岩和砂质泥岩，砂体受沉积环境的影响，总体上呈现出中部厚、边部薄的特征，一般在 4～10m，平均 7.8m；平均储层孔隙度为 33%，平均空气渗透率为 4000mD，属高孔隙度、高渗透储层；$E_3s_{31}1$ 储层表现为弱或中等偏弱的水敏、中等盐敏，临界矿化度不高于 2500mg/L。

3. 流体性质及温压系统

$E_3s_{31}1$ 属特超稠油，地面脱气原油密度平均为 1.0433g/cm³，50℃时地面脱气原油黏度为 22×10⁴～38×10⁴mPa·s，油藏温度（68℃）下地面脱气原油黏度大于 12×10⁴mPa·s。

地层水总矿化度范围 7394～19215mg/L，平均 14287mg/L；氯离子平均含量为 8479mg/L；水型为氯化钙型。

原始地层压力为 12.58～13.75MPa，压力系数 0.98～1.0，原始地层温度为 65～68℃，地温梯度为 3.8～3.9℃/100m，属高温、常压系统。

4. 油藏类型及油层展布

油藏主要受岩性和构造控制，油藏类型为具边、底水的构造—岩性特超稠油油藏。有效厚度一般在 4～8m，块内有效厚度平均 6.7m，厚度中心最大厚度 10m。采用容积法计算郑 411 块 $E_3s_{31}1$ 砂组地质储量，含油面积 2.39km²，估算储量为 376×10⁴t。

二、开发实践

1. 开发历程与状况

郑 411 区块 2006 年正式开发，整个开发过程分为七个开发阶段。第一阶段 1991—2000 年，为产能突破、储量探明阶段。第二阶段 2001—2005 年，为以 SAGD 为主的多种技术攻关试验阶段。第三阶段 2005 年 12 月至 2006 年，为热 / 化学复合工艺攻关试验阶段。第四阶段 2008—2009 年，为产能建设阶段。第五阶段 2010 年 1 月至 2014 年 4 月，为完善井网，稳产阶段。第六阶段 2014 年 5 月至 2014 年 10 月，为汽驱试验阶段。第七阶段 2014 年 11 月至今，为产量递减阶段。2014 年 11 月至今，含水上升，日油下降，生产效果逐渐变差。

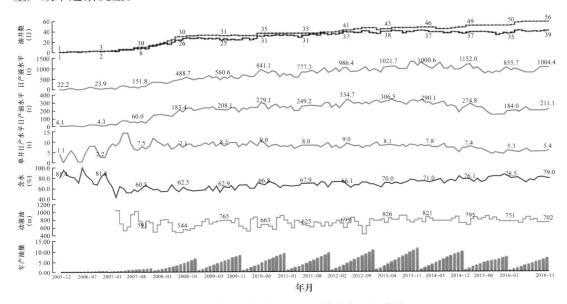

图 5-8　郑 411 块沙三上 1 砂体综合开发曲线

2. 开发动态分析

1）开发现状

郑 411 块 $E_3s_{31}1$ 砂体共投产生产井 50 口，目前开井 39 口，日产液水平为 956.8t，日产油水平为 202.4t，单井日产油能力为 5.2t，综合含水 78.8%，累计产油 89.3×10^4t，采油速度 1.86%，采出程度 23.7%。区块处于高采油速度、高采出程度、中高含水开发阶段。

2）储量动用状况

平面上，中部投产时间较长的井，采出程度较高；西南部靠近边水的水平井受水侵影响采出程度较低；另外投产时间较短的西部三口水平井采出程度较低（图 5-9）。

纵向上，通过对取心井郑 411- 检 1 的测试资料，覆压校正后含油饱和度平均值为 63.6%。说明纵向上剩余油整体富集，含油饱和度仍处于较高水平。

3）地层能量现状

郑 411 块 $E_3s_{31}1$ 砂体为弱边水稠油油藏，从历年测压数据来看（图 5-10），压力下降较快，2007 年压力为 11.5MPa 左右，2010 年压力为 8.0MPa，之后压力下降速度减慢。2014 年由于蒸汽驱先导试验，压力下降幅度变缓。后期由于汽驱汽窜、受效不均衡等问题，汽驱停驱，生产井又开始吞吐生产。

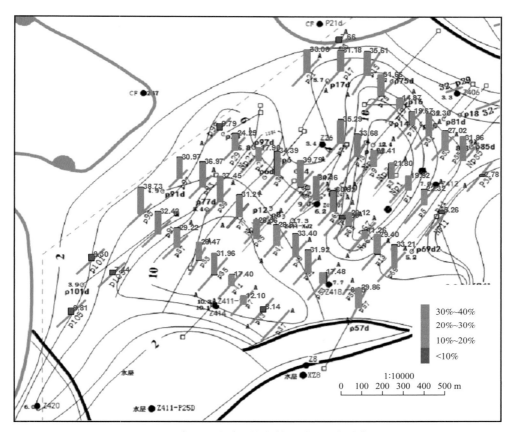

图 5-9 郑 411 块单井控制储量采出程度分布图

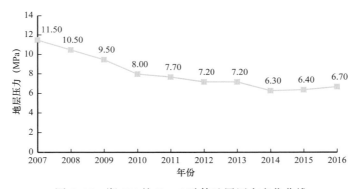

图 5-10 郑 411 块 $E_3s_{31}1$ 砂体地层压力变化曲线

4）产油量变化规律

郑 411 块 $E_3s_{31}1$ 砂体投产初期平均单井日产油只有 2t，2007 年产量迅速上升至高峰 14.8 t/d 左右，之后进入产量递减阶段。2007 年至 2010 年产量递减率为 14.5% 左右；2011 年至 2015 年产量维持在 8t/d 左右，递减率为 2%；2015 年后由于含水上升，年递减达到 6% 左右（图 5-11）。

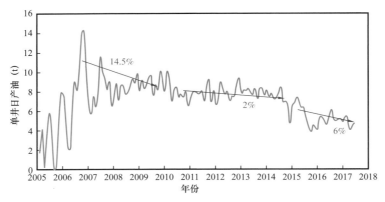

图 5-11　郑 411 沙三上 1 砂体单井日产油随时间变化曲线

5）含水变化规律

郑 411 块 $E_3s_{31}1$ 砂体属于特超稠油油藏（图 5-12），由于原油黏度大，初期开井含水已达到 60.5%。开发早期，采出程度低，含水缓慢上升。开发中后期，地层能量下降，边底水入侵，含水逐渐上升，目前含水达到 79%。

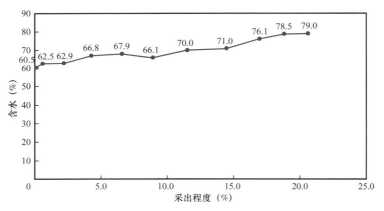

图 5-12　郑 411 块沙三上 $E_3s_{31}1$ 砂体含水随采出程度变化曲线

3. 开发效果评价

1）蒸汽吞吐开发效果评价

郑 411 块 $E_3s_{31}1$ 砂体目前吞吐井数有 62 口，共吞吐 571 井次。目前郑 411 块 62 口热采井，45.5% 口吞吐 10 周期以上，处于高轮次吞吐阶段（图 5-13）。平面上吞吐周期数受投产时间、边水推进、储层物性等存在差异。产能建设与滚动的井 62 口，吞吐平均周期数为 10 周；零散井 3 口，吞吐平均周期数为 4 周；封堵边水井 4 口，吞吐平均周期数为 6 周。

郑 411 块 $E_3s_{31}1$ 砂体周期指标柱状图可以看出（图 5-14）：郑 411 块 $E_3s_{31}1$ 砂体由于原油黏度大周期生产时间普遍较短：吞吐生产早期生产时间在 176d 左右；中期特超稠油油藏逐渐达到生产高峰期，生产时间为 204d；晚期生产时间又逐渐减少至 181d。周期生产时间也呈现先增加后下降的趋势。周期产油量初期较低，到 4～5 周达到高峰接近

2000t，后逐渐下降至目前 10 周后的 949t。周期油汽比呈现先降低，后升高，再降低的趋势。即特超稠油的周期产油、周期油汽比随吞吐周期增加呈抛物线的变化规律。

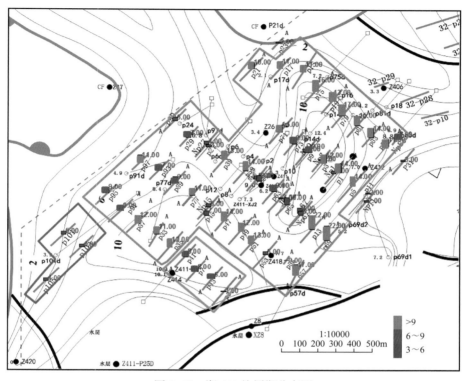

图 5-13　郑 411 块周期分布图

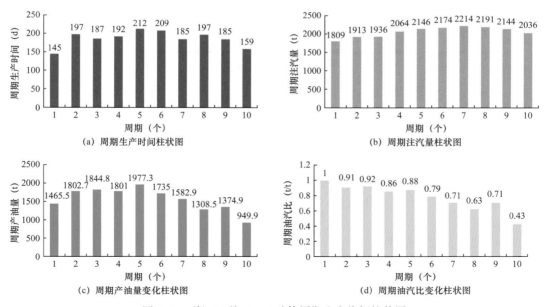

(a) 周期生产时间柱状图　　　　　　　　　　　(b) 周期注汽量柱状图

(c) 周期产油量变化柱状图　　　　　　　　　　(d) 周期油汽比变化柱状图

图 5-14　郑 411 块 $E_3s_{31}1$ 砂体周期生产指标柱状图

超稠油的性质决定了其周期生产规律的特殊性。超稠油原油黏度很高，在油层温度下基本不流动。它比普通稠油需要更长时间的预热及压力传导，加之钻井时油层被伤害，因此第一周期吞吐起到了一个预热解堵的作用。随着周期轮次的增加，各个周期的油层初始温度比油层原始温度高得多，热损失相对变小，加热半径扩大，热利用率高，所以周期生产时间、产油量、油汽比增加。到第四第五周期蒸汽吞吐各项指标达到峰值。但随着周期的进一步增加，一方面加热半径扩展有限，初期注入油层的蒸汽凝结水大部分回采不出来，而且近井地带含水饱和度增加，含油饱和度逐渐减少；加上近井地带泄油区的压力衰竭，后期产油量开始衰减。

与同类型油藏不同吞吐阶段的评价指标相比（图 5-15）：郑 411 块 $E_3s_{31}1$ 砂体除注汽量略低以外，周期生产时间、周期产油量、周期油汽比均高于同类型油藏，表明开发效果较好。

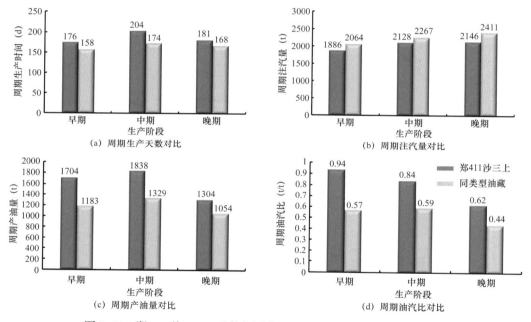

图 5-15　郑 411 块 $E_3s_{31}1$ 砂体与同类型油藏周期生产指标对比柱状图

郑 411 块目前存在较为严重的汽窜现象，并且该区块的汽窜现象表现出了重复性、多向性、可逆性、选择性等特征。油层动用不均与汽窜现象发生有一定直接关系。汽窜会导致注入的蒸汽热效率降低，沿着已经存在的高渗透带突进；同时被窜油井出现出砂现象，从而诱发油井套管严重变形，降低日油产量，破坏区块稳产基础，影响整体吞吐开采效果。

2）蒸汽驱开发效果评价

2014 年 5 月 11 日更平 61、平 65 和平 5 三个井组转汽驱，2014 年 10 月 28 日试验井组因更新油井停驱，从汽驱阶段产液量、产油量和含水下降，温度稳定，整体上看试验区汽驱阶段处于热连通阶段（图 5-16）。

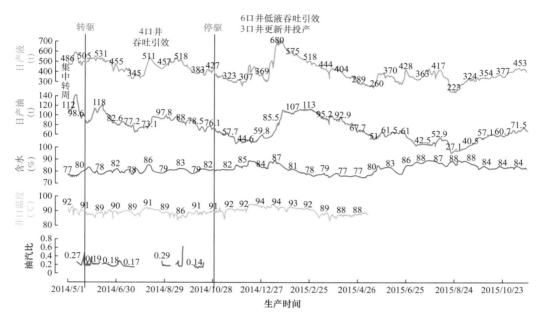

图 5-16　郑 411 块蒸汽驱试验区开发曲线

（1）日产油变化规律。

郑 411 块汽驱半年来，汽驱初期平均单井日产油能力为 8.4t，前 3 个月日产油能力维持在 6t 左右，低液井吞吐引效后，产量又上升至 7t，之后产量开始递减，目前产量维持在 4t，月产量递减率达到 19%（图 5-17）。

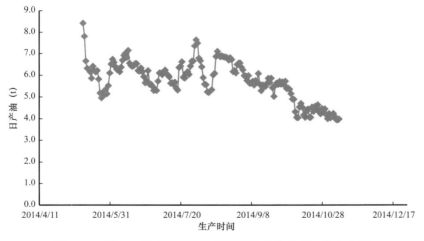

图 5-17　郑 411 块蒸汽驱试验井组平均单井日产油能力曲线

（2）含水变化规律。

蒸汽驱试验井组初期含水 75%，汽驱阶段平均综合含水 80.5%，目前含水 82%，汽驱阶段阶段含水仅上升 5.5%（图 5-18）。

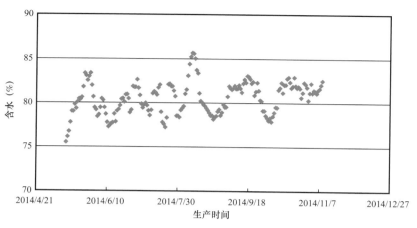

图 5-18 郑 411 块蒸汽驱试验井组含水曲线

（3）汽驱受效不均衡。

转蒸汽驱 3 个井组中，更平 61 井组动用最好，其次是平 65 井组，而外扩的平 5 井组吞吐阶段南部未动用，汽驱后，蒸汽向压力较低的北部突破，导致平 5 井组动用较差。更平 61 井组蒸汽驱阶段产油 7500t，采出程度 1.71%；平 65 井组蒸汽驱阶段产油 4200t，采出程度 1.05%；平 5 井组蒸汽驱阶段产油 3800t，采出程度 0.95%。主要原因是平 5 井组南部砂体薄，物性差，多泥质夹层，转驱后生产井液量低，再加上更平 11 和平 31 投产时间晚，南部几乎未动用。

（4）影响因素。

① 频繁停炉，导致注汽时间短。

2014 年 5 月 11 日转汽驱，2014 年 10 月 28 日停注，在半年的汽驱时间内，实际注汽时间只有 104d。

② 受储层非均质性影响，储层物性差。

平 5 井组有效厚度薄，储层物性差：在转驱的 3 个井组中，平 5 井组动用最差，一是油层厚度薄（3～8m），二是渗透率低（1000～2000mD），动用较好的更平 61 和平 65 井组油层厚度为 6～8m，渗透率为 3000～4000mD。油层薄，物性差是导致平 5 井组动用差的主要原因。

平 5 井组吞吐阶段动用差，亏空小、压力高：转驱前平 5 井组南部地层压力为 12.5MPa，动用较好的其他 2 个井组地层压力为 6～7MPa（图 5-19）；平 5 井组南部亏空为（0～0.3）×10⁴m³，其他 2 个井组亏空为（2.4～4.3）×10⁴m³。

平 5 井组汽驱动用差：汽驱受效井主要分布在更平 61 和平 65 井组，而平 5 井组储层条件差，吞吐阶段地层压力高，导致了汽驱阶段采出程度仅为 0.95%，采出程度比更平 61 井组低 0.76%。

③ 单井受效差异大。

在转驱的半年时间内，19 口生产井中，突破井 2 口，主要表现为液面升、含水升、温度升、油量下降；受效井 7 口，主要表现为液面升、油量升、温度升；未受效井 10 口，主要表现为液量、油量、含水、液面、温度均无明显变化，未见效井占 53%。

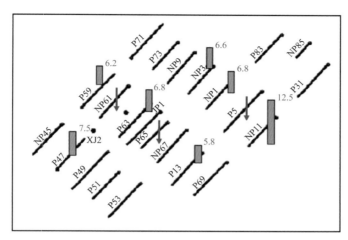

图 5-19　汽驱井组转驱前地层压力平面分布图

④ 端点间易汽窜。

汽驱井组平面响应井位图表明（图 5-20），汽窜主要沿着水平井的端点方向，主要是水平井端点储层非均质性较强，另外受钻井轨迹的影响，水平井端点间距离 40～50m。从数值模拟停驱前温度场看，端点热连通明显，更平 61 井和平 47、平 65 井和平 49、平 65 井和平 1、平 65 井和平 3、平 5 和平 83 都是水平井端点间的汽窜。

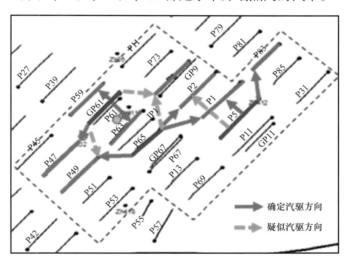

图 5-20　汽驱井组平面响应井位图

⑤ 井况差，钻更新井需停井。

试验区内 11 口井转驱前套损、出砂等带病生产，转驱前更新 3 口，转驱后更新 4 口（表 5-7）。

⑥ 低油价下，油汽比低，被迫停驱。

油价 50$/bbl 时，蒸汽驱经济极限油汽比为 0.22t/t；三个试验井组转驱阶段，井组平均瞬时油汽比为 0.16t/t，低于经济极限油汽比，无经济效益。

表 5-7 转驱后完钻的更新井

序号	井号	周期数	完井方式	井下问题
1	郑 411-P1	14	套管射孔管内悬挂筛管完井	筛管变形
2	郑 411-P45	7	滤砂管完井	套管严重变形或错断
3	郑 411-P3	12	射孔完井	套管严重变形或错断
4	郑 411-P85	11	精密滤砂管完井	井内落物

参 考 文 献

［1］孙焕泉.水敏性稠油油藏开发技术［M］.北京：石油工业出版社，2017.

［2］Okoye C. U.，Tiab D. Enhanced Recovery of Oil by Alkaline Steam Flooding［C］. SPE 11076，1982.

［3］刘慧卿.热力采油原理与设计［M］.北京：石油工业出版社，2013.

［4］霍广荣，李献民，张广卿.胜利油田稠油油藏热力开采技术［M］.北京：石油工业出版社，1999.

［5］Wu Z，Liu H，Wang X. Adaptability Research of Thermal-Chemical Assisted Steam Injection in Heavy Oil Reservoirs［J］. Journal of Energy Resources Technology，2018，140（5）：052901.

［6］Zhou X，Zeng F. Feasibility Study of Using Polymer to Improve SAGD Performance in Oil Sands with Top Water［C］. SPE 170164，2014.

［7］Dong X，Liu H，Chen Z，et al. Enhanced Oil Recovery Techniques for Heavy Oil and Oilsands Reservoirs after Steam Injection［J］. Applied Energy，2019，239：1190-1211.

［8］尉雪梅.薄层稠油油藏蒸汽吞吐开发筛选标准研究［D］.北京：中国石油大学，2007.

第六章　水驱稠油转蒸汽驱提高采收率技术

胜利油田经过 30 多年的勘探和开发，先后发现了单家寺油田、乐安油田、孤岛油田、孤东油田、陈家庄北坡和罗家深层等稠油油藏。这些稠油油藏中具有丰富的普通稠油资源（地层条件黏度＞50mPa·s），以注水开发为主，水驱动用地质储量 $9.1×10^8t$，其中地下原油黏度大于 80mPa·s，仍实施注水开发的单元 79 个，动用储量为 $3.08×10^8t$，可采储量 $5329×10^4t$，标定采收率 17.3%。受原油黏度的影响，胜利油田水驱开发普通稠油油藏面临的主要矛盾，一是采收率较低，当地层条件原油黏度＞80mPa·s 时，采收率一般＜25%；二是普通稠油常温水驱采油速度不高，采油速度一般＜1%[1]。室内研究表明，通过注蒸汽加热可降低原油黏度，从而降低流度比，提高驱油效率、扩大波及体积，实现大幅度提高采收率[2]。本章就胜利油田低效水驱稠油油藏的提高采收率技术进行介绍。

第一节　转蒸汽驱提高采收率方向

一、提高采收率技术难点

（1）稠油油水黏度比高，驱油效率低，波及状况差。

稠油由于原油黏度高，在水驱开发过程中油水黏度比大，油水黏度比一般大于 100，驱油效率低，波及状况差。分析室内单管岩心水驱油到含水 90% 时实验结果，随着油水黏度比增加，驱油效率降低，当油水黏度比在 200 时，驱油效率为 45.2%，油水黏度比增加到 1000 时，驱油效率仅有 34.3%，均明显低于稀油驱油效率（图 6-1）。

从数值模拟计算原油黏度分别为 20mPa·s 和 300mPa·s 的水驱剩余油饱和度场（图 6-2），可以看出，原油黏度 300mPa·s 水驱波及状况比 20mPa·s 明显较差。

（2）稠油具有启动压力梯度，进一步降低水驱波及程度。

室内实验和矿场实践证明，受原油黏度和渗透率的影响，稠油在多孔介质渗流为具有启动压力梯度的非达西渗流（图 6-3）。普通稠油相对于特稠油和超稠油的启动压力梯度虽较低，但水驱开发无法通过降低原油黏度消除启动压力梯度影响，从而进一步降低水驱波及程度。从数值模拟计算原油黏度 300mPa·s 的两个水驱剩余油饱和度场（图 6-4）看，考虑启动压力梯度影响水驱波及程度比不考虑启动压力梯度影响更差。

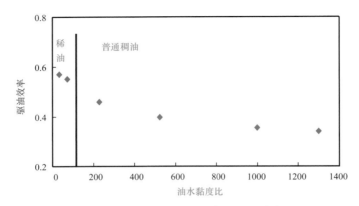

图 6-1　不同油水黏度比下水驱驱油效率图

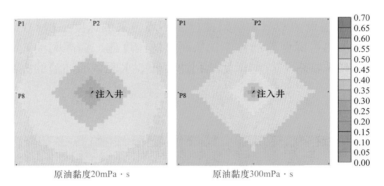

图 6-2　不同原油黏度水驱至含水 90% 时剩余油饱和度场

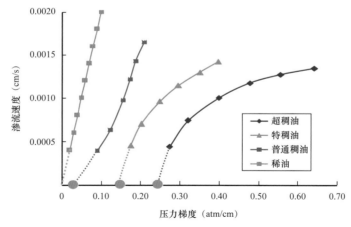

图 6-3　渗流速度与压力梯度关系曲线

（3）水驱剩余油富集，上部更加集中。

以孤岛中二中馆 5 注水区为原型建立 200m×283m 反九点注水井组三维地质模型，平面均质，纵向设置 1 个油层，细分为 20 个小层，划分 41×41×20 网格数，各小层具有一定渗透率极差（图6-5）。油层厚度12.5m，平均渗透率1500mD，孔隙度32%，含油饱和度65%，净总比0.8，地层温度65℃，原始地层压力13MPa。

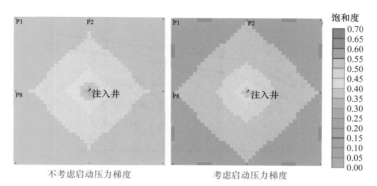

图6-4　水驱至含水90%时剩余油饱和度场（原油黏度300mPa·s）

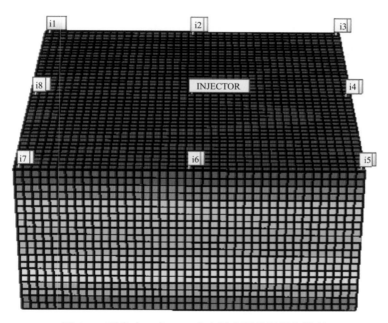

图6-5　孤岛中二中Ng5主力层水驱井组概念模型

利用上述模型，对不同黏度、不同渗透率极差的普通稠油油藏水驱至含水90%时，剩余油分布规律进行了研究。普通稠油黏度较稀油大幅提高，采用水驱的开发方式开采普通稠油，其储量动用程度均较低，采出程度较小，油藏整体剩余油饱和度高，剩余油富集，剩余油分布总体上讲具有以下特点：

① 普通稠油水驱后剩余油整体富集。油田开发实践以及数值模拟表明：当原油黏度达到80mPa·s，油藏剩余油饱和度在51%以上。

② 普通稠油水驱后剩余油分布主要受原油黏度的影响。剩余油饱和度随原油黏度的增大而增大。原油黏度大于50mPa·s，普通稠油水驱后剩余油饱和度急剧增加（图6-6）。

③ 普通稠油水驱后剩余油受储层渗透率级差影响较大，剩余油饱和度随渗透率级差的增大而增大（图 6-6）。

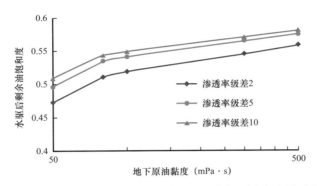

图 6-6　不同渗透率级差下水驱剩余油饱和度与原油黏度关系曲线

同时普通稠油水驱过程中，由于受储层韵律性和流体的重力分异作用的影响，油层底部受到注水冲刷比较严重，导致剩余油饱和度较低，剩余油在油层上部更为集中（图 6-7），且渗透率级差越大，油层上部与下部剩余油饱和度比值越大，剩余油越集中于上部（图 6-8）。

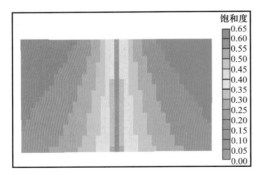

图 6-7　水驱含水 90% 时分流线剖面剩余油饱和度场图

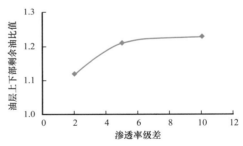

图 6-8　油层上、下部剩余油饱和度比值与渗透率级差关系曲线

二、提高采收率技术方向

普通稠油水驱低效的原因是由于油水黏度比高，驱油效率低，波及状况差，并且稠油具有启动压力梯度，进一步降低水驱波及程度，导致水驱后剩余油富集，上部更加集中。针对以上普通稠油水驱后的开发难点，采用蒸汽驱技术。具体呈现出以下几个思路。

（1）降低原油黏度，提高波及效率。

转热采后可降黏增产，消除启动压力梯度、提高波及效率，降低残余油饱和度、提高驱油效率，而且水驱高含水后，油藏热物性参数变化小，对热采影响不大。因此普通稠油低效水驱高含水后转热采不仅可行，而且可以大幅度提高采收率。

（2）提高注汽干度，适应高压地层。

针对深层地层压力高（一般 10MPa 以上），采用高干度蒸汽可以使得比容（蒸汽腔）与低压低干度相当，达到低压条件下的驱替效果。

（3）提高老井利用，保证实施效果。

相对于普通水驱，蒸汽驱的井网形式需要进行合理调整，克服水驱流线影响。最大限度地利用并保护常规完井的老井，实现经济有效开发。

（4）完善工艺技术，确保高干度注汽。

改进和提高注汽、隔热技术，实现井底高干度注汽。

第二节　转蒸汽驱开发技术优化

一、转蒸汽驱井网优化技术

通过热应力分析、油藏工程和数值模拟优化，构建了水驱后转蒸汽驱克服水驱影响的合理井网，通过非主流线加密，改变了原水驱液流方向，老井采油、新井注汽，实现了水驱老井的全部利用[3]。

1. 水驱老井利用

通过对国外普通稠油水驱转热采技术调研，结合普通稠油水驱实际生产情况，综合分析认为，普通稠油水驱转热采工艺技术面临的主要难点之一就是常规完井条件下老井利用与套管保护工艺。老区普通稠油早期开发大多采用非热采完井方式，经过多轮次的注水开发后，在转热采过程中，常规老井无论是作为注汽井还是生产井，如果注采参数不合理，老井套管将会被破坏，严重影响开发井网的完善性[4]。

确保油藏压力降低到一定的范围，是水驱转蒸汽驱的基本条件[5]。首先研究转驱前油藏压力的降低规律与影响参数，在此基础上分析油藏压力下降对套管受力的影响，将油藏降压规律及其对套管受力的影响相结合，优化设计注采参数，避免老井套管遭到破坏[6]。

1）油藏压力降低规律研究

首先通过理论分析计算出单井和多井生产时，各种不同排液速度及地层不同渗透率对周围油藏压力的影响规律，然后通过 GeoStudio 软件进行数值模拟分析，与理论解进行对比，最终得出排液速度、渗透率和油藏压力之间的关系。

孤岛中二中 Ng5 试验区转热采前的降压过程是一个动态的过程，因为整个试验区的面积大约为 0.5km²，周围分布着多口压力平衡井，故这块区域在空间上不能将它看成一个无穷大区域，不会形成一个稳定的平衡状态，由于是在降压，所以没有注入液体，油藏的压力随着抽吸量的增加而不断降低。在这个过程中，时间是一个重要的因素。通过调整地层渗透率和单井排液量，得出油藏压力随时间变化规律。

（1）排液速度对油藏压力的动态影响规律。

通过在相同的地层渗透率情况下改变排液量，得出整个试验区内的油藏压力。其中以井29-520与井28-521间的一点作为重点研究对象，分别取出这一点在各种不同排液量和时刻的油藏压力值，通过这些数据做出相应的图形并回归出相应的方程，结果如图6-9、图6-10所示。

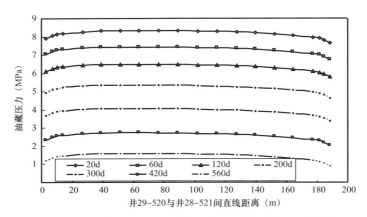

图6-9　渗透率1560mD、排液速度156m³/d井间压力分布

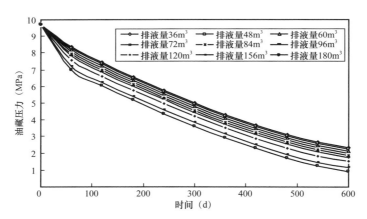

图6-10　渗透率为1560mD，距离29-520井7.1m处的油藏压力与时间关系

从图6-9、图6-10可以看出：

① 在地层渗透率和时间相同时，排液速度大对整个试验区降压比较明显，在相同时间内，同一点处的油藏压力，排液速度大的要比排液速度小的降低得多；

② 由计算结果可回归出地层渗透率为1560mD、排液速度为84m³/d和96m³/d时，在井29-520与井28-521间直线上距离29-520井7.1m处的油藏压力随时间变化的函数关系式（图6-11）：

$$p = -1.16315 + 10.75681e^{-\frac{t}{510.90649}}\qquad（6-1）$$

$$p = -0.90639 + 10.43033e^{-\frac{t}{431.32}} \qquad (6-2)$$

p——油藏压力，MPa；

t——降压开采时间，d。

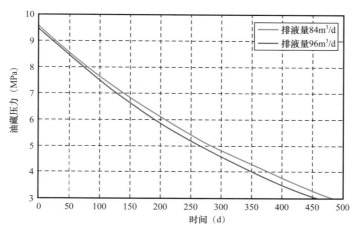

图 6-11　渗透率 1560mD，排液量 84m³/d 和 96m³/d 时距 29-520 井 7.1m 处压力与时间曲线

由以上回归出来的函数关系式，从理论上说明了在相同的渗透率地层中，同一点处的油藏压力下降速度随排液速度的增加而增加。

（2）地层渗透率对油藏压力的动态影响规律。

通过固定排液速度，改变地层渗透率值，计算出在各个时刻试验区内的油藏压力值。其中以井 29-520 与井 28-521 间的各点油藏压力随时间分布作为研究重点，着重取出其中一点的油藏压力值用于回归地层渗透率与油藏压力间的函数关系式。最终给出渗透率对油藏压力随时间变化的量化规律，为后续的油田生产提供科学的依据。计算结果如图 6-12、图 6-13 所示。

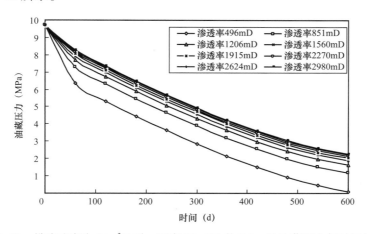

图 6-12　排液速度为 84m³/d 时，距离 29-520 井 7.1m 处油藏压力与时间关系

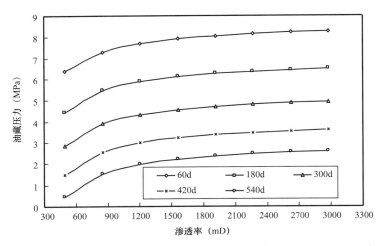

图 6-13 排液速度 84m³/d 时，距离 29-520 井 7.1m 处的油藏压力与渗透率关系

从图 6-12、图 6-13 可以看出：同一点的油藏压力在相同排液速度和相同时间内，渗透率小的要比渗透率大的下降得多。

另外，结合孤岛试验井组的地层渗透率，可得出不同渗透率下排液速度为 84m³/d 时油藏压力的动态变化规律，如图 6-14 所示。

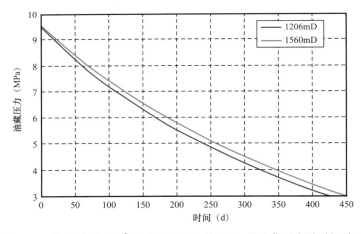

图 6-14 排液速度 84m³/d、距 29-520 井 7.1m 处油藏压力随时间关系

2）油藏压力下降对套管受力的影响

（1）油藏压力下降时套管受力计算。

油藏压力下降对套管受力作用机理是及其复杂的，通过解析解很难求解出套管的各种应力值，尤其在考虑到各种因素综合作用时，就显得更加困难了。为了研究油藏压力下降值与套管和水泥环应力间变化规律，得到套管、水泥环应力场分布，就必须建立套管—水泥环—地层三维模型进行模拟计算。

油藏受到上覆岩层压力 p_v 作用，由岩石骨架颗粒接触压力 p_c 和岩石颗粒间的孔隙流体压力 p_r 共同承担，即存在以下关系：$p_v = p_c + p_r$。

由上式可见，随着地层液体从地层孔隙采出，如果没有得到及时补充，孔隙压力必然会下降，而上覆岩层压力一般不变，所以岩石颗粒间的接触压力必然会增大。

（2）井底流压变化对套管受力的影响。

根据前面建立的力学模型，结合试验井组目前的油藏压力状况，分别取井底流压为 0、2MPa、5MPa、7MPa 和 9MPa，用有限元软件 ANSYS 计算井底压力与套管内、外壁及射孔处的 Mises 应力。计算结果如图 6-15 至图 6-17 所示。

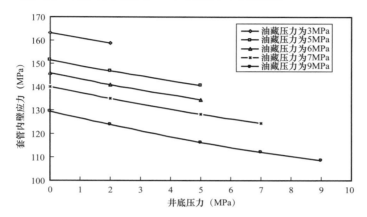

图 6-15　井底流压与套管内壁 Mises 应力对应关系

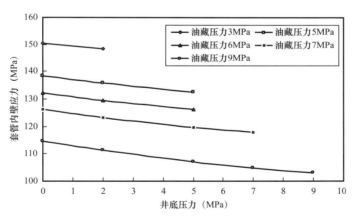

图 6-16　井底流压与套管外壁 Mises 应力对应关系

从上述计算结果可以看出：

① 在油藏压力保持不变的情况，套管内、外壁的 Mises 应力与井底流压成反比，在相同情况下套管内壁 Mises 应力要大于套管外壁 Mises 应力，说明在卸压过程中，套管内壁要比外壁先达到破坏临界状态；

② 由于应力集中的原因，在射孔处套管 Mises 应力明显高于其他部位，所以套管在射孔段最容易出现挤毁破坏，故在降压开采过程中要着重给予考虑。

（3）油藏压力变化对套管受力的影响。

根据前面建立的力学模型，结合试验井组的油藏压力状况，分别取油藏压力为 0、

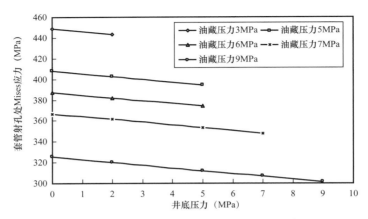

图 6-17 井底压力与套管射孔处 Mises 应力对应关系

1MPa、3MPa、5MPa、7MPa 和 9MPa，用有限元软件 ANSYS 计算油藏压力与套管内、外壁及射孔处的 Mises 应力。计算结果如图 6-18 至图 6-20 所示。

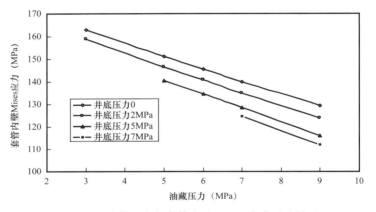

图 6-18 油藏压力与套管内壁 Mises 应力对应关系

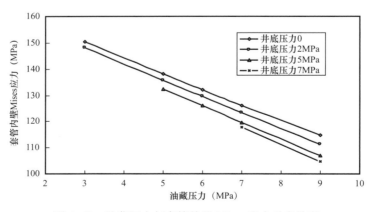

图 6-19 油藏压力与套管外壁 Mises 应力对应关系

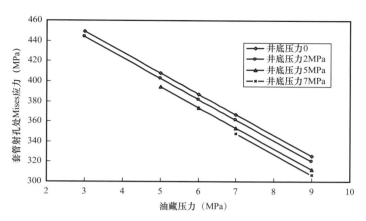

图 6-20　油藏压力与套管射孔处 Mises 应力对应关系

由以上计算结果得结论如下：

① 套管内、外壁上的 Mises 应力与油藏压力成反比关系，在相同情况下套管内壁 Mises 应力要大于套管外壁 Mises 应力，说明在降压过程中，套管内壁要比外壁先达到破坏临界状态；

② 由于应力集中，在射孔处 Mises 应力明显增加，故在降压过程中套管在这一段最容易破坏。射孔处 Mises 应力与油藏压力成反比关系，随着油藏压力的降低射孔处应力不断增加。

由上述分析可知，射孔处的应力最大值出现在井底流压和油藏压力都很低的时候，也就是降压进行到中后期时，所以这个时候就更要注意保护套管了，必须优化设计合理的排液速度，才能保证套管的安全。

3）防止套管损坏的排液速度设计

根据前述油藏压力下降规律和油藏压力下降与套管应力变化的规律研究成果可知：地层渗透率一定，在各种不同油藏压力下，套管内壁 Mises 应力与排液量成正比关系，其变化规律如图 6-21 所示。

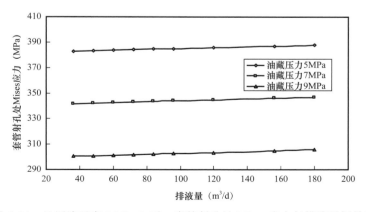

图 6-21　地层渗透率 1560mD 时，套管射孔处 Mises 应力与排液量间关系

从计算结果可以发现射孔处 Mises 应力要明显高于套管其他部位的应力，所以以射孔处应力作为判定排液速度的依据，则有：

$$\sigma_M = 381.51 + 46.24 \times 10^{-3} q \leqslant \frac{[\sigma]}{k} \tag{6-3}$$

式中　k——应力安全系数。

（1）渗透率 1560mD（降压前期）。

对于 N80 套管，屈服强度 $[\sigma] = 552$MPa，根据《固井工作条例》，k 取 $1.0 \sim 1.25$，考虑到孤岛油田出砂比较明显，增加套管应力，另外，常规老井已水驱生产多年，故取 $k = 1.43$。

$$q \leqslant \left(\frac{[\sigma]}{k} - 381.5 \right) \cdot \frac{1}{35.71 \times 10^{-3}} = 97.62 \tag{6-4}$$

所以在降压前期，要保证在降压过程中套管不发生挤毁破坏，单井排液速度不大于 100m³/d，建议取 $85 \sim 100$m³/d。

（2）渗透率 1206mD（降压后期）。

同理，在降压中后期考虑到地层渗透率和油藏压力下降及出砂因素影响，取 $k = 1.44$，则有：

$$q \leqslant \left(\frac{[\sigma]}{k} - 381.5 \right) \cdot \frac{1}{46.24 \times 10^{-3}} = 39.7 \tag{6-5}$$

所以在降压中后期期，单井排液速度不大于 40m³/d，建议取 $30 \sim 40$m³/d。

4）常规井汽驱过程中基于保护套管的注采参数设计

（1）常规井注汽温度极限。

热采井套管损坏的一个主要方面的原因就是套管在注蒸汽过程中热胀冷缩产生的应力。套管在井筒中与水泥环紧密固结在一起，注汽阶段套管温度升高，水泥环的温度也升高，而水泥环的线膨胀系数比套管小，同时水泥环的温差不如套管的温差大，所以套管的轴向伸长受到水泥环的限制，产生的应力就可能导致套管损坏。同理焖井阶段套管和水泥环的温度要降低，套管的收缩也同样受到水泥环的限制，产生的应力也可能导致套管损坏。

计算了 N80 套管在不同注汽温度下套管内外壁应力的变化，结果如图 6-22 和图 6-23 所示。

从计算结果可以看出，注汽温度为 350℃时，套管内壁射孔处 Mises 应力为 558.98MPa，350℃时 N80 管材的屈服强度为 526MPa，因此采用 N80 管材完井的常规老井注汽温度应控制在 350℃以内。

（2）常规井作为生产井时排液温度和排液速度极限。

排液速度在套管产生的应力前面已经讨论过，不同排液速度与套管射孔处 Mises 应力间的函数关系式如下：

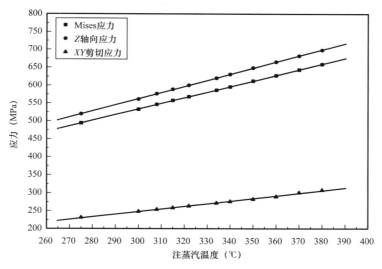

图 6-22 油层套管内壁应力与注汽温度对应关系

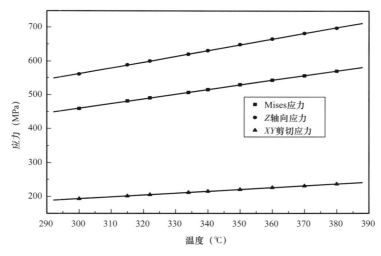

图 6-23 油层套管外壁应力与注汽温度对应关系

地层渗透率 1206mD，油藏压力为 5MPa：$\sigma_M = 381.51 + 46.24 \times 10^{-3} q$

地层渗透率 1206mD，油藏压力为 7MPa：$\sigma_M = 340.70 + 46.24 \times 10^{-3} q$

地层渗透率 1206mD，油藏压力为 9MPa：$\sigma_M = 299.35 + 46.24 \times 10^{-3} q$

将 N80 套管和地层材料参数代入热应力计算公式，则可以得到由温度变化引起的 Mises 应力：

$$\sigma_{Mtemp} = 0.164T \tag{6-6}$$

地层渗透率 1560mD，油藏压力为 7MPa，N80 套管 Mises 应力与排液速度和温差间的关系式：

$$\sigma_{\text{MISES}} = 340.70 + 46.24 \times 10^{-3} q + 0.164T \qquad (6\text{-}7)$$

通过图 6-24 可以看出，对于 N80 套管完井的常规生产井，当排液速度在 40～90m³/d 时，排液温度与原地层中的温度之差要小于 180℃。以孤岛采油厂 1300m 处的地层温度为 68℃为例，此时排液在井底的温度以不超过 248℃为宜（折算到井口温度为 110℃）。

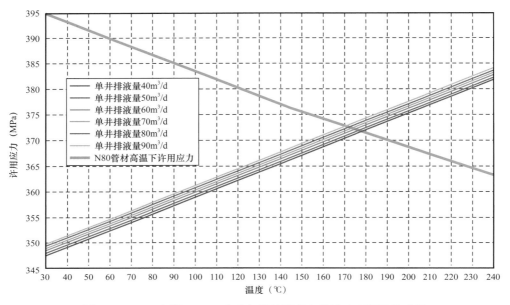

图 6-24　N80 套管 MISES 应力与排液温差和排液速度间的关系图

2. 变流线井网设计

针对孤岛中二中水驱现有的反九点面积式注采井网，在剩余油分布研究的基础上，通过水驱分流线加密，可组成三种井网形式：一是老水井生产，反五点井网，二是老水井生产，水平井反五点井网，三是老水井生产，反九点井网。前两种反五点井网形式加密井全为注汽井，原水驱井组的四个边井流线转变 45°，四个角井流线加密和变宽，水井流线逆向；第三种反九点井网加密井则二分之一作为注汽井，二分之一作为采油井，原水驱井组的四个边井流线转变 45°，四个角井流线加密和变宽，水井流线逆向，加密井流线变 90°。在以上三种加密后形成的各种蒸汽驱井网中，均是将新井作为注汽井、老井作为采油井利用，采油井液量实行差异控制，可以改善驱动系统，从而最大限度地克服原水驱系统的影响（图 6-25）。

3. 井网优化

利用井组概念模型，分别对面积式水驱井网转吞吐 + 蒸汽驱的各种井网形式进行数模计算，计算结果表明，不论采用何种井网，水驱后转热采均较大幅度提高采出程度，其中水驱井网转反九点法井网蒸汽驱效果最好，提高采出程度 24.4%，采收率达到 47.6%，热采累积油汽比 0.21（表 6-1）。

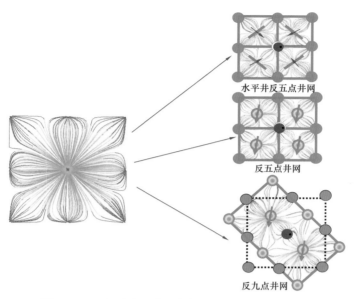

图 6-25 面积式水驱井网与加密蒸汽驱井网流线图

表 6-1 面积式水驱井网转不同蒸汽驱井网热采指标对比表

开发方式	井网	热采阶段						采收率（%）
		生产时间（d）	累计注汽（10^4m^3）	累计采油（10^4t）	累计采水（10^4t）	油汽比（t/t）	采出程度（%）	
吞吐+蒸汽驱	反五点法	1670	35.89	6.82	37.92	0.19	17.62	43.8
	反九点法	2089	39.52	8.3	38.45	0.21	21.45	47.6
	水平井反五点法	1461	34.12	5.8	40.95	0.17	14.99	41.2

二、转蒸汽驱开发技术政策界限

1. 转吞吐开发技术界限

以达到蒸汽吞吐极限油汽比时截止的累计产油量必须高于经济极限累计产油量为条件，确定水驱后转吞吐的各项开发技术界限[7-8]。

1）油藏剩余油饱和度界限

水驱后油层中剩余油含量的多少对蒸汽吞吐的开采效果具有较大影响，剩余油饱和度越低，蒸汽吞吐效果越差，峰值油量也越低。这主要是由两方面原因引起：一是含油饱和度越小，可流动油越少，油水两相流动时水相相对渗透率增大，产水量增多，产油量减少；二是由于水的比热容大于油的比热容（大于一倍），使注入蒸汽的加热半径相对减小，最终也导致泄油半径减小，蒸汽吞吐开采效果变差。

因此对于水驱后稠油油藏，存在一个最小含油饱和度，当剩余油饱和度小于这个值后，蒸汽吞吐不能经济有效地开采原油。

利用数值模拟方法研究了原油黏度分别为100mPa·s、300mPa·s、500mPa·s、800mPa·s、1000mPa·s时，水驱后转蒸汽吞吐获得的累计产油量与油藏剩余油饱和度之间的关系，并根据不同油价下（35美元/bbl、50美元/bbl、70美元/bbl、90美元/bbl）的经济极限累计产油量确定相应的剩余油饱和度界限，绘制不同油价下剩余油饱和度界限与黏度关系图版（图6-26）。以目前70美元/bbl的油价作为评价标准，水驱后转吞吐剩余油饱和度界限：原油黏度100mPa·s为0.36，300mPa·s为0.39，500mPa·s为0.4，800mPa·s为0.41，1000mPa·s为0.42。

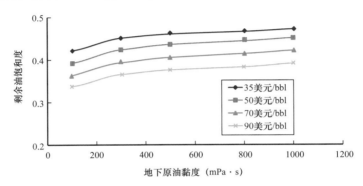

图6-26　不同油价下水驱转吞吐剩余油饱和度界限与黏度关系图版

2）油层有效厚度界限

油层有效厚度对蒸汽吞吐效果影响较大，在油层有效厚度不同，其他油藏地质条件相近的情况下，一般油层厚度越大，吞吐产量越高，开发效果越好，表现为周期生产时间长、周期产量大、油汽比高。油层厚度薄，顶底盖层及夹层热损失大。此外，油层薄，注汽速度较低，井筒及地面热损失大，蒸汽热量利用率低，导致产量低、油汽比低。

利用数值模拟计算了原油黏度分别为100mPa·s、300mPa·s、500mPa·s、800mPa·s、1000mPa·s时，不同油层有效厚度下的转蒸汽吞吐累计产油量，并根据不同油价下（35美元/bbl、50美元/bbl、70美元/bbl、90美元/bbl）的经济极限累计产油量确定相应的有效厚度界限，绘制不同油价下油层有效厚度界限与黏度关系图版（图6-27）。在70美元/bbl的油价下，水驱后转吞吐油层有效厚度界限：原油黏度100mPa·s为3.9m，300mPa·s为4.2m，500mPa·s为4.4m，800mPa·s为4.5m，1000mPa·s为4.6m。

3）纯总比界限

稠油油藏多为砂泥岩交互沉积的互层状油藏，由于夹层的存在，在蒸汽吞吐开采中，会引起热损失的增加。用纯总比的概念定量描述，其定义为油层有效厚度（净厚度）与油层井段总厚度之比。纯总比越小，注入蒸汽的热量在夹层中的损失越大，热效率越低，从而导致加热半径减小，蒸汽吞吐开采效果变差。

利用数值模拟计算了原油黏度分别为100mPa·s、300mPa·s、500mPa·s、800mPa·s、1000mPa·s时，不同纯总比下的转蒸汽吞吐累计产油量，并根据不同油价下（35美元/bbl、50美元/bbl、70美元/bbl、90美元/bbl）的经济极限累计产油量确定相应的纯总比界限，绘制不同油价下纯总比界限与黏度关系图版（图 6-28）。在 70 美元 /bbl 油价下，水驱后转吞吐纯总比界限：原油黏度 100mPa·s 为 0.3，300mPa·s 为 0.32，500mPa·s 为 0.33，800mPa·s 为 0.34，1000mPa·s 为 0.35。

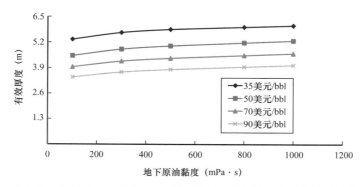

图 6-27 不同油价下水驱转吞吐油层有效厚度界限与黏度关系图版

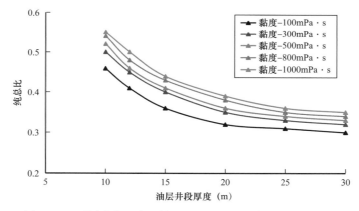

图 6-28 不同油价下水驱转吞吐纯总比界限与黏度关系图版

4）极限含水

转蒸汽吞吐前含水率对热采效果影响很大，转蒸汽吞吐前的含水率越高，地层含水饱和度越大，蒸汽吞吐时吸收的热量越多，热采效果越差。因此对于水驱后稠油油藏，存在一个极限含水，当含水高于这个值后，蒸汽吞吐开采原油效果差，达不到经济界限。

利用数值模拟计算了原油黏度分别为 100mPa·s、300mPa·s、500mPa·s、800mPa·s、1000mPa·s 时，不同含水时机下的转蒸汽吞吐累计产油量，并根据不同油价下（35 美元 /bbl、50 美元 /bbl、70 美元 /bbl、90 美元 /bbl）的经济极限累计产油量确定相应的含水界限，绘制不同油价下极限含水与黏度关系图版（图 6-29）。当油价为 70 美元 /bbl 时，水驱后转吞吐极限含水界限：原油黏度 100mPa·s 为 88.9%，300mPa·s 为 90.7%，500mPa·s 为 91.6%，800mPa·s 为 92.6%，1000mPa·s 为 93.8%。

2. 转蒸汽驱开发技术界限

对于弱边水水驱普通稠油油藏转蒸汽吞吐开采后，地层压力降低至一定程度，还可

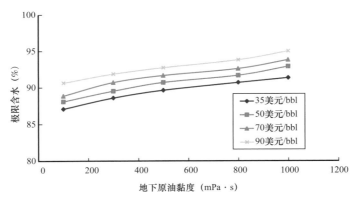

图 6-29　不同油价下水驱转吞吐极限含水与黏度关系图版

进一步实施蒸汽驱。不同的油藏地质条件对蒸汽驱开发效果有较大的影响。影响蒸汽驱效果的油藏地质参数主要有油藏剩余油饱和度、油层有效厚度、纯总比以及边底水能量大小等。根据以上技术界限数值模拟研究方法，建立了油价为 70 美元 /bbl 时不同原油黏度下水驱普通稠油油藏转蒸汽驱筛选标准（表 6-2）。

表 6-2　不同原油黏度下普通稠油水驱后转蒸汽驱筛选标准（70 美元 /bbl）

筛选参数	地下原油黏度（mPa·s）				
	100	300	500	800	1000
剩余油饱和度	0.39	0.42	0.42	0.43	0.44
有效厚度（m）	4.2	4.5	4.7	4.9	5.0
纯总比	0.35	0.37	0.38	0.39	0.4
水油体积比	9.2	7.8	6.7	5.5	5.0

第三节　配套工艺技术

一、消除注汽管柱"热点"配套技术

1."热点"影响分析

（1）局部散热点传热分析模型。

井筒注蒸汽管柱整体采用高真空隔热油管，每根隔热油管之间用接箍（图 6-30）相连接，接箍是没有隔热层的，它形成油套环空中的局部高温点，这使得油套环空内的热交换情况变得异常复杂。

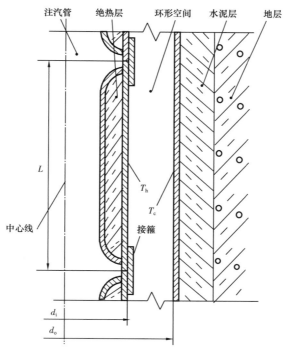

图 6-30　接箍结构示意图

　　井下补偿器可以被拉长、缩短，用于补偿温度变化引起的热胀冷缩（图 6-31）。

　　封隔器（图 6-32）用于隔离油套环形空间和油层，注汽时有效密封油套环形空间，阻止蒸汽从隔热管出口处进入油套环空，增强油套环空的对流传热，增大井筒热损失。

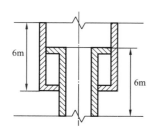

图 6-31　井下补偿器结构示意图

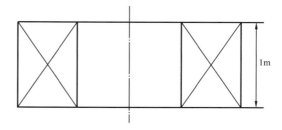

图 6-32　封隔器结构示意图

　　井下补偿器和封隔器结构复杂，为了便于井筒传热分析，这里将其简化为无隔热层的良导热体，可以视为表面积较大的局部高温散热点。这些局部高温散热点的壁温基本接近于当地隔热油管内热蒸汽的温度，它们向地层无限远处的换热方式为导热、对流、辐射和相变换热中两种或两种以上方式的耦合。

　　按部件所处的工作条件来分，可以把问题简化为三个模型。

　　模型 1，如图 6-33（a）所示，局部高温热点暴露在空气中，它向地层的换热方式为辐射、对流、导热的耦合。

　　模型 2，如图 6-33（b）所示，局部高温热点正好处在气液（水）交界面，这时，若局部热点的温度高于环空压力所对应的蒸发温度时，这里会发生强烈的蒸发和在环空外壁的冷凝。这是对流、沸腾、凝结和导热的耦合。

模型3，如图6-33（c）所示，局部高温热点全部被水淹没。此时，局部高温热点处的压力为环空的压力加上水柱产生的压强，可以用它来判断此处是否有沸腾发生。蒸发所产生的气泡因周围的水吸收热量而消失。此处是沸腾、对流、导热的耦合。

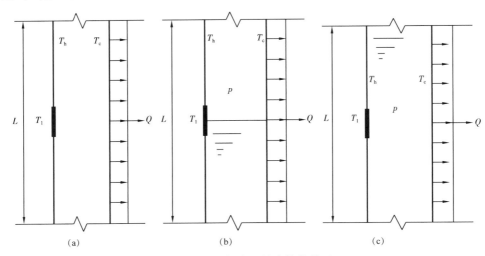

图6-33　局部高温热点简化模型

① 简化假设。

为对以上所述的三种模型计算热流密度 q，还要提出以下简化假设。

a. 假定环空内、外壁温为空气在环空内作简单自然对流时计算所得的温度，不因辐射、相变的存在而变化。这样计算出来的局部换热热流密度 q 可能会偏大。

b. 局部高温热点的影响局限于其附近的地区。即在模型1中，接箍处局部高温热点的影响集中在与其连接的上一根管的下半部分和下一根管的上半部分；在模型2中：沸腾带入环空的热量，全部由在液面附近的冷壁面上的冷凝承担，冷凝面积由能量平衡式得出；在模型3中：蒸发产生的气泡在热点周围消失，然后由水的自然对流将热量由环空外壁带走。在环空外壁面上将由能量平衡式决定有多少面积带走此热点产生的热量。

c. 在模型2中，由于环空内外壁面的间距很小，当蒸发和冷凝都比较剧烈时，蒸发的气膜和冷凝的液膜可能会很接近，这时刚蒸发产生的气体又立即在冷壁面上凝结。这是向地层传热最剧烈的情况。较保守的估计，假设所发生的蒸发、冷凝的确如此激烈，此处环空的局部热阻仅由蒸发和冷凝换热热阻所组成。

② 计算公式。

模型1：计算示意图如图6-34所示。一个接箍向环空外壁面的辐射换热量为：

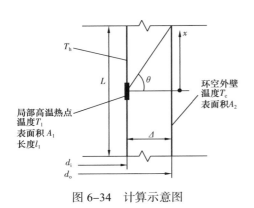

图6-34　计算示意图

$$\Phi_1 = \varepsilon\sigma A_1(T_1^4 - T_c^4) \tag{6-8}$$

其中

$$A_1 = \pi d_i l_1$$

将 A_1 表达式代入后，得：

$$\Phi_1 = \varepsilon\pi d_i l_1 \sigma_o (T_1^4 - T_c^4) \tag{6-9}$$

由于长度为 l_1、温度为 T_1 的局部热点引起的当量辐射换热系数为：

$$h_{rc} = \frac{\Phi_1}{A_i(T_h - T_c)} = \frac{\varepsilon\pi d_i l_1 \sigma_o (T_1^4 - T_c^4)}{A_i(T_h - T_c)} = \frac{\varepsilon\sigma_o l_1 (T_1^4 - T_c^4)}{L(T_h - T_c)} \tag{6-10}$$

其中

$$A_i = \pi d_i L \quad （L \text{ 为一段隔热油管的管长）}$$

关于辐射换热的这一项 h_{rc} 在程序中的处理不同于模型 2 和模型 3，将这一项组合到由隔热油管外壁对套管内壁的辐射换热 $h_r = \varepsilon\sigma_o(T_h^2 + T_c^2)(T_h + T_c)$ 中，即以 $h_r + h_{rc}$ 的值为环空中考虑了高温热点影响后的实际辐射换热系数。

例如：高温热点温度 $T_1 = 427\,℃ = 700\mathrm{K}$，环空内壁温度 $T_h = 227\,℃ = 500\mathrm{K}$，环空外壁温度 $T_c = 157\,℃ = 430\mathrm{K}$，高温热点长度 $l_1 = 0.02\mathrm{m}$，一根隔热油管长度 $L = 9.6\mathrm{m}$，则辐射换热量的计算如下。

环空内壁对环空外壁的辐射换热系数为：

$$h_r = \varepsilon\sigma_o(T_h^2 + T_c^2)(T_h + T_c) = 0.85 \times 5.67 \times 10^{-8} \times (500^2 + 430^2) \times (500 + 430) = 19.49$$

高温热点的换热是折算成用 L 段长度之间辐射换热系数来表示，该换热系数为：

$$h_{rc} = \frac{\varepsilon\sigma_o l_1(T_1^4 - T_c^4)}{L \cdot (T_h - T_c)} = \frac{0.85 \times 5.67 \times 10^{-8} \times 0.02 \times (700^4 - 430^4)}{9.6 \times (500 - 430)} = 0.295$$

由计算可知：高温热点对环空外壁的辐射换热系数是环空内壁对环空外壁的辐射换热系数的 1.5%，总辐射换热系数为 $19.49 + 0.295 = 19.79$。

模型 2：沸腾换热公式采用米海耶夫公式：

$$h = C_1 \Delta t^{2.33} p^{0.5} \tag{6-11}$$

竖壁上冷凝换热 Nusselt 公式计算：

$$h = 1.13 \times [\frac{g\rho^2 \lambda^3 r}{\eta(t_s - t_w)l}]^{\frac{1}{4}} \tag{6-12}$$

总热阻为：

$$\frac{1}{h_{\text{total}}} = \frac{1}{h_{\text{boiling}}} + \frac{1}{h_{\text{condensation}}}$$（6-13）

这里，h_{total}为考虑了接箍等局部高温热点的蒸发、凝结的换热系数。

模型3：沸腾换热的公式仍用上式，则总热阻为：

$$\frac{1}{h_{\text{total}}} = \frac{1}{h_{\text{boiling}}} + \frac{1}{h_{\text{natural convection}}}$$（6-14）

最后，为给主程序提供各计算点处考虑上述因素在内的局部换热系数。先计算由于局部高温热点的存在使传热强化的倍数E：

$$E = \frac{\Phi_1}{q_{\text{natural convection}} \pi d_i L} = \frac{h_{\text{total}} l_1 (T_1 - T_c)}{h_{\text{natural convection}} L (T_h - T_c)}$$（6-15）

则考虑局部热点后，该处的当量局部换热系数h_{total}为：

$$h_{\text{tocal}} = E \cdot h_{\text{natural convection}}$$（6-16）

③ 局部高温热点对环空传热的影响。

图6-35中所示为$T_1=400℃$、环空中热点处压力p选取1～40atm，环空内外壁温的温差取20℃，环空外壁的温度T_c选取40～160℃时，模型2的计算影响系数E随p的变化图。

这是换热最强烈的一种情况。图6-35中可以看出气液交界面附近的局部换热系数会高达自然对流换热系数的240倍。

（2）局部散热点热损失计算。

根据上述建立的局部散热点传热分析模型，计算了隔热接箍、隔热井下补偿器、油套环空密封情况对注汽井筒热损失的影响。

① 隔热接箍对井筒热损失的影响。

隔热管及接箍参数：隔热管外管外径114.3mm，隔热管外管内径为100.5mm，隔热管内管外径为73mm，隔热管内管内径为62mm，接箍外径为127mm，单根隔热管长度为9.6m，接箍长度为0.23m，隔热管外螺纹长度为95mm，隔热管隔热衬套长度为105mm，蒸汽温度为350℃，隔热油管管材的导热系数为43.2W/（m·K），隔热管视导热系数为0.015W/（m·K）。

a. 接箍处的温度场。

隔热油管不同区域内温度变化不同。在油管的大部分长度内，由于隔热层的作用，温度从内壁面的蒸汽温度沿径向方向急剧降低，显示出较大的导热热阻。而在接箍附近，径向方向温度变化平缓，导热热阻较小，因而热阻较大。在隔热油管轴线方向上，接箍附近的温度变化剧烈，此处的热量传递不能忽略，而其他区域温度梯度较小，可以忽略沿轴向的热量传递。接箍处温度场分布如图6-36所示。

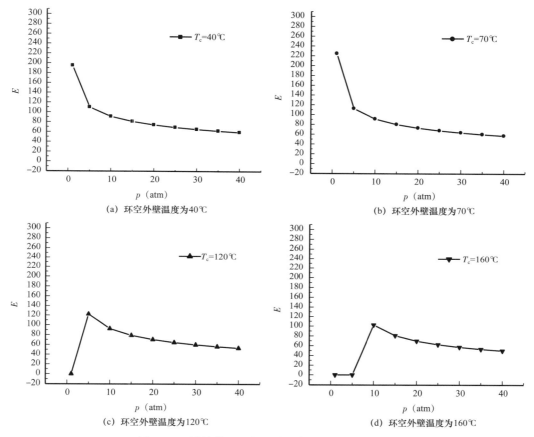

(a) 环空外壁温度为40℃

(b) 环空外壁温度为70℃

(c) 环空外壁温度为120℃

(d) 环空外壁温度为160℃

图 6-35　计算模型 2 的影响系数 E 随 p 的变化图

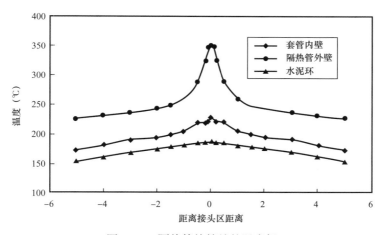

图 6-36　隔热管接箍处的温度场

b. 接箍的影响长度。

接箍处没有隔热层，而隔热油管本体有隔热层，蒸汽沿径向传递的同时，沿管线轴线方向也存在着热量传递，使隔热油管温度升高。引入隔热油管的影响长度表示接箍处的轴向导热对隔热油管的影响区域，并以轴向温度梯度小于 0.05℃ /m 处至接箍的长度作为影响长度。图 6-37 给出了不同导热系数的隔热油管在不同蒸汽温度下的影响长度。

从图 6-37 中可以看出，在某一蒸汽温度下，隔热层的导热系数越小，影响长度越大；在某一隔热层导热系数下，管外壁温度越高，影响长度越大。总之，隔热层的导热系数越小，管外壁的温度越高，隔热油管接箍的影响长度越大。

c. 接箍对井筒热损失的影响分析。

目前的工程计算通常不考虑接箍的影响，这实际上是将通过隔热油管导热简化为一维圆筒壁的导热。为了模拟接箍处的复杂结构，用数值计算方法，编制了二维导热的计算程序。图 6-38 给出了采用一维简化模型与考虑接箍热损失时的二维模型在不同导热系数下通过半根隔热油管的热损失比较。

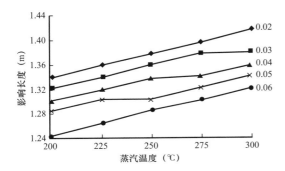

图 6-37　不同导热系数的隔热油管在不同
蒸汽温度下的影响长度

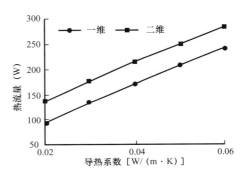

图 6-38　一维与二维计算模型中接箍处
的传热对比

可以看出，不同导热系数下二维模型的热损失大于一维模型，且半根隔热油管的热损失相差至少在 15% 以上。因此，对于超过 1000m 深的注汽井而言，采用简化的一维导热来处理接箍处的热损失将会给计算带来很大的误差。

d. 考虑接箍处散热的井筒传热计算修正。

为了在井筒传热计算中考虑接箍处热损失的影响，又不增加计算工作量和难度，引入一个系数来修正隔热油管的视导热系数。计算表明，在注汽井结构一定的情况下，在影响井筒热损失的诸多因素中，隔热油管隔热层的导热系数和注汽温度对热损失的影响最大。在不同的隔热层导热系数和不同的注汽温度下进行了热损失计算，通过线性回归得到了修正系数 k 的关联式：

$$k = 1.5544 - 0.000032t - 7.16\lambda_1 \tag{6-17}$$

式中　t——蒸汽温度，℃；

λ_1——隔热油管隔热层的导热系数，W/（m·K）。

考虑了井筒接箍热损失的隔热油管视导热系数 λ^x 为：$\lambda^x = k\lambda_1$

e. 考虑接箍处散热的井筒传热计算实例。

以井深 1200m，井口注汽干度 70%，井口注汽压力 16MPa，注汽速度 9t/h，计算了考虑接箍隔热与否的井筒蒸汽干度变化，结果如图 6-39 所示。

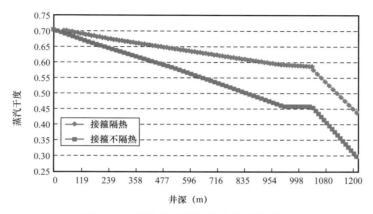

图 6-39　接箍是否隔热的蒸汽干度对比

从图 6-39 中可以看出，接箍处隔热与否对井筒蒸汽干度的变化影响显著。接箍不隔热明显增加了井筒热损失，井底蒸汽干度比接箍隔热时降低了 12% 以上。因此，为了降低井筒热损失，提高井底蒸汽干度，对接箍处采取隔热措施是非常必要的。

② 隔热补偿器对井筒热损失的影响。

计算了井下补偿器隔热、不隔热时的井筒沿程蒸汽干度变化，结果如图 6-40 所示。

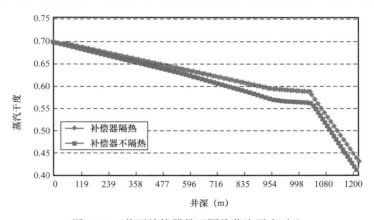

图 6-40　井下补偿器是否隔热蒸汽干度对比

从图中可以看出，补偿器采取隔热措施后，对井底蒸汽干度有一定的影响，能提高井底干度 2% 以上。

图 6-41 给出了补偿器不隔热时套管的温度变化情况。从图 6-41 中可以看出，补偿器不隔热处对应的套管温度形成一个局部高温区，套管热应力显著增大，对保护油井套管是不利的。因此，从降低井筒热损失和保护油井套管两个方面来说，有必要应用井下隔热补偿器。

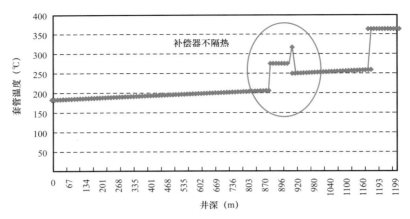

图 6-41　井下补偿器不隔热时套管温度变化

③ 密闭封隔器及插入密封装置对井筒热损失的影响。

密闭封隔器有效地密封了油套环空，与插入密封装置相结合，有效地形成了蒸汽闭合通道，避免了蒸汽进入油套环空，从而减少因高温汽水两相流的传热损失，进一步降低了井筒热损失。

油套环空密封良好与否对井筒蒸汽干度变化的影响如图 6-42 所示。

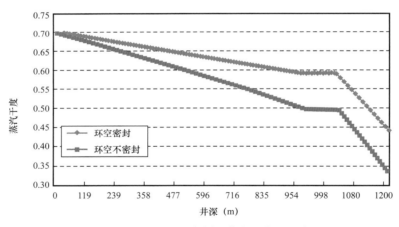

图 6-42　环空是否密封对蒸汽干度的影响

插入密封装置对井筒蒸汽干度的影响如图 6-43 所示。

从图 6-43 中可以看出，采用插入密封装置后，能够提高井底干度 3% 左右。

2. 配套工具

1）Y445 密闭注汽封隔器

Y445 密闭注汽封隔器主要用于悬挂防砂管柱，密封油套环形空间，防止注入的蒸汽上返，此外也可以悬挂分层注汽管柱。Y445 密闭注汽封隔器主要由液压坐封部分、锁紧机构、密封部分、锚定部分、解封部分、液压丢手部分、强制丢手部分等组成，其结构及实物分别如图 6-44 所示。

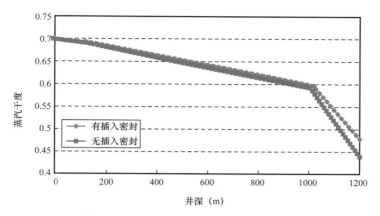

图 6-43　插入密封装置对蒸汽干度的影响

Y445 密闭注汽封隔器采用液压坐封、液压丢手、上提管柱解封。

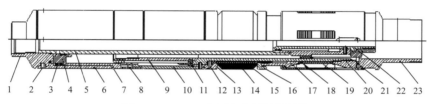

图 6-44　Y445 密闭注汽封隔器结构

1—上接头；2—销钉；3—密封圈；4—坐封活塞；5—内中心管；6—缸套；7—传力套；8—锁环；9—打捞头；
10—外套；11—解封套；12—剪钉；13—封隔件上挡环；14—套筒；15—封隔件；16—封隔件下挡环；17—上锥体；
18—卡瓦罩；19—卡瓦；20—中心管；21—锁爪；22—滑套；23—下接头

（1）坐封

封隔器下到预定位置后，向油管中投入 ϕ38mm 钢球，用水泥车打压。当液压传到封隔器的液压坐封部分时，坐封部分在液体压力的作用下，推动传力套向下运动，传力套通过封隔件上挡环和套筒，首先剪断坐封销钉一，然后推动封隔器的上锥体和封隔件向下运动，两锥体间的距离缩小，卡瓦张开，支撑在套管壁上。传力套继续向下运动，剪断坐封销钉二，推动封隔件上挡环压缩封隔件，使封隔件的外径扩大，封隔油套环形空间。同时锁紧机构将封隔件和卡瓦部分锁紧，坐封完毕。继续打压，剪断液压丢手部分的销钉，坐封滑套推动支撑环向下移动，使锁爪失去内支撑，当上提管柱时，锁爪缩进封隔器的中心管内，因而使封隔器的液压坐封部分和内中心管与封隔器的本体脱离，实现丢手。如果升至设计压力，而封隔器没有丢手，则正转管柱，利用封隔器的强制丢手部分使封隔器强制丢手。

（2）解封

将打捞工具下入井中，捞住封隔器的解封套后，上提管柱，剪断解封销钉，继续上提管柱，解封套开始向上移动，撑开锁环，使锁紧机构失去作用，再上提管柱，解封套带动传力套和封隔件上挡环将封隔件释放；然后封隔件上挡环、套筒带动上锥体向上移动，两锥体间的距离扩大，卡瓦在弹簧力的作用下缩回，封隔器被释放。

2）插入密封装置

插入密封装置结构及实物如图 6-45 和图 6-46 所示，主要包括密封插头、扶正器、密封总成等结构。

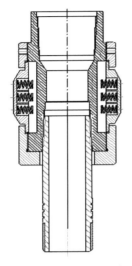

图 6-45　插入密封结构　　　　　　　　图 6-46　插入密封装置实物

插入密封装置主要用于密封油管和封隔器内孔之间的环形空间。利用插入密封装置和密闭注汽封隔器组合将隔热管与防砂鱼顶密闭连接，可以实现油层以上全井筒的高效隔热，减少注汽井筒热损失，从而有效保护套管，延长油井寿命。

3）隔热衬套

为了保护套管及减少注蒸汽过程中的热损失，通常采用隔热油管。隔热油管一般采用双层同心管，在两层的环空内填充隔热材料，并将两端焊接以保证良好的隔热性能。为了保证隔热油管连接时的强度及修扣的加工余量，通常油管端部不采取隔热措施，从而造成注汽时在此处形成热点，增大了热损失，影响了注汽管柱的整体隔热效果。针对以上问题研制的隔热衬套可以有效降低隔热管接箍的热损失。其结构示意及实物分别如图 6-47 和图 6-48 所示。

隔热衬套包括衬套外管、衬套内管，衬套外管套在衬套内管下半段的外壁，衬套内管外壁中段套有隔热层。其可伸缩结构可以防止隔热衬套对隔热油管内管产生伤害。

可伸缩隔热衬套具有以下有益效果：

（1）结构简单，使用方便，耐压 20MPa，耐温 350℃，隔热油管接箍密封隔热效果好；

（2）可伸缩结构可以补偿修扣后隔热油管间的距离变化，防止隔热衬套对隔热油管内管产生伤害。

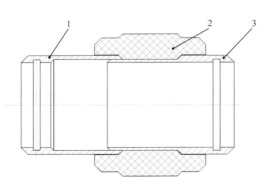

图 6-47　隔热衬套结构示意

1—衬套外管；2—隔热层；3—衬套内管

图 6-48　隔热衬套实物

4）隔热井下注汽热胀补偿器

隔热井下注汽热胀补偿器结构主要包括上接头、内管、隔热外管、密封室、压帽、密封总成、下接头等结构。

传统的井下补偿器管柱下井时，由于管体裸露，当向油井内注入蒸汽进行采油时，会造成巨大的热能损失，使油井套管损坏。隔热井下注汽热补偿器在注汽过程中，内管向外管内部移动，外管为高真空隔热管，从而使内管处于真空隔热管中并在伸长过程中避免热损失，克服了套管因高温影响易损坏的弊端。另外在停止注汽时内管可起到补偿作用，避免热应力的产生。因此可广泛用于密闭注汽采油工艺之中。

二、直井密闭注汽管柱

1. 直井常规注汽管柱

常规注汽管柱主要由 4½×2⅞in 高真空隔热管、补偿器、热采封隔器组成（图 6-49）。对于井深大于 1500m 的热采井，注汽管柱可以采用悬挂器将注汽管柱分为上、下两段，满足管柱受力的安全要求（图 6-50）。

高真空隔热油管是目前主要的隔热油管，千米井筒热损失小于 8%。目前直井注汽工艺管柱能满足井深 2000m、原油黏度 50×10^4mPa·s 稠油油藏吞吐注汽要求，是稠油热采的技术基础。

2. 直/斜井注采一体化工艺管柱

直/斜井注采一体化管柱应用情况见表 6-3。管柱主要由 4½×3½in 高真空隔热管组成，环空采用氮气封隔。该管柱可以实现不作业转抽，避免了作业过程中入井液造成的"冷伤害"，由于减少了作业时间，可充分利用高温期生产。该管柱主要应用于黏度较高的超稠油油藏。

表 6-3　直/斜井注采一体化管柱应用统计

单位	滨南	河口	鲁胜	纯梁	合计
井数	14	29	23	2	68
应用区块	单2、单3、单6、单56、单83、郑14、郑41、郑365、	陈371块、埕91、埕911、	滨509块		

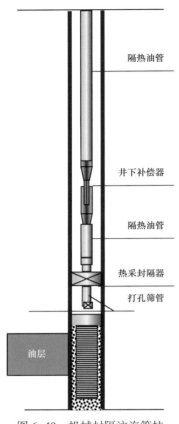

图 6-49 机械封隔注汽管柱

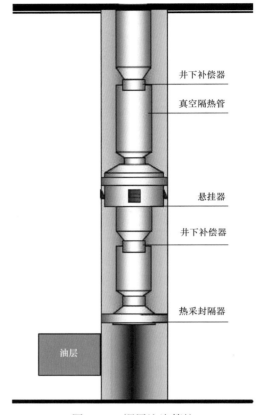

图 6-50 深层注汽管柱

油套环空采用 N_2 隔热，能够进一步降低环空热损失，管柱结构如图 6-51 所示。常温常压下 N_2 导热系数为 0.025W/（m·K），环空水的导热系数为 0.598W/（m·K），隔热性能良好。随温度压力升高，N_2 导热系数增大，如 20MPa，300℃时 N_2 导热系数约为 0.05W/（m·K），而环空水的导热系数为 0.571W/（m·K），如图 6-52 所示，高温高压 N_2 环空隔热效果明显。图 6-53 模拟了不同干度油层加热效果，干度提高，油层受热半径明显扩大。

环空氮气隔热工艺操作方便，便于转抽作业，与下封隔器隔热方式相比，具有同等的隔热效果，实测及数模计算结果表明（表 6-4），两种隔热方式在注汽速度较小的情况下，井筒热损失控制在每千米 8% 左右。

表 6-4 热敏封、氮气隔热效果对比

分类	井次（口）	深度（m）	蒸汽温度（℃）	蒸汽压力（MPa）	套管温度（℃）	损热失（kJ/kg）	干度（%）	干度损失（%）
热敏封	15	1000	335	14.1	145.5	140.4	59.6	12.8
氮气隔热	5	950	332	13.1	134.6	124.6	60.7	10.8

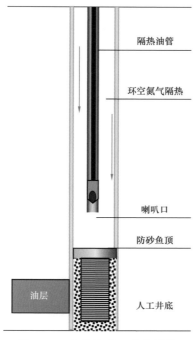

图 6-51　直井注采一体化管柱

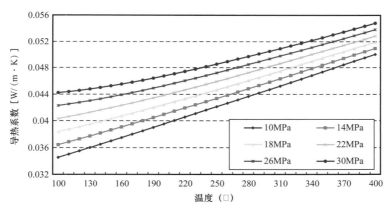

图 6-52　不同温度、压力下 N_2 导热系数变化曲线

三、注汽管网蒸汽干度调控技术

由于蒸汽驱对注入速度有一定限制，注汽速度不能太高，现场锅炉排量为 23t/h，所以需要等干度汽水分配器。研制的新型等干度分配器如图 6-54 所示。

从锅炉出来的高温高压饱和蒸汽经总干线输送各注汽井，在流经总干线与各支干线连接处的蒸汽干度调控装置时，流入支线的蒸汽首先通过孔板（通过两相流量计可测得支干线的蒸汽干度）。这样，蒸汽流动产生的压差主要出现在孔板处，它与通过孔板的蒸汽速度平方成比例。同样，旁通管线及调节阀上流动产生的液体压降与液体速度的平方

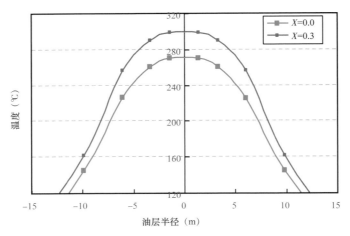

图 6-53　不同蒸汽干度油层加热加热效果

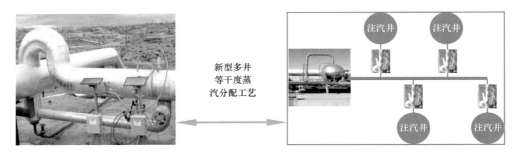

图 6-54　新型等干度蒸汽分配器

成比例。因此，一旦对某一分支流速建立了平衡，在一很宽的分支流速范围内压差会保持平衡。这样对分支蒸汽干度的控制基本上不受分支上通过的流速变化的影响。因此，可以通过调节旁通管线上的阀门水的流速来保证分支蒸汽干度值与主干线上的蒸汽干度值相差不大，从而达到调控分支蒸汽干度的目的。

新型等干度调控装置主要技术指标如下：（1）工作压力 25MPa，工作温度 370℃；（2）分支蒸汽干度调节范围 30%～90%；（3）主干线与各支线之间的蒸汽干度值相差小于 6%。

新型等干度蒸汽分配器特点：

采用汽、液分离原理进行蒸汽干度分配，可集中或单独应用，适用于各种现场条件，节省地面管线长度和费用；

注汽管网加设蒸汽干度调控装置后，可以保证一台锅炉同注多口油井时去每口油井的蒸汽干度相同，如果再在注汽井口安装蒸汽调节阀，又可以保证去每口井预先要求的注汽速度，可以避免油井因吸汽困难而去的汽量少、蒸汽干度低，因吸汽好而去的汽量多、蒸汽干度高的矛盾，从而更为有效地避免吸汽困难井生产周期短产量低、吸汽好的井因吸汽量太多而导致热量损失的问题，它不但可以节约作业费用，还可以提高热采注汽井的热采效果，从而提高稠油热采井的采油量。

四、蒸汽驱复合堵调优化技术

普通稠油油藏经过多轮次的水驱开发，油层中往往会形成一些高渗透条带或大的流通孔道，转入蒸汽吞吐或蒸汽驱阶段后，随着注汽量的增加和注汽速度的提高，汽窜现象的出现是制约采出程度提高的主要矛盾，一旦发生汽窜，就会出现油藏加热不均匀，从而导致蒸汽波及体积小、热效率低、经济效益差等问题[9]。因此，为保证稠油油藏水驱后转热采效果，需要配套防止汽窜提高热效率的工艺技术。根据调研及本专题的研究成果，确定堵调方式为：注汽井采用高温泡沫辅助蒸汽驱的方式，必要时注刚性堵剂段塞封堵高渗透带，生产井采取高温泡沫调剖封窜的措施[10]。

伴随着蒸汽驱的进行，部分井产生严重汽窜现象，表现为注汽井—注入蒸汽生产井井口温度、产液量大幅度增加，而产油量降低。分析原因主要是蒸汽在高渗透带进行无效窜流，无法有效加热富集油的低渗透带。通过加入高温泡沫剂和刚性堵剂，在地层高渗透孔道中进入大量的刚性堵剂，封堵高渗透层或大孔道，有效抑制了蒸汽进入高渗透层、高渗透段、高渗透带，使其转向低渗透层、低渗透段、低渗透带等未驱替带，增加波及体积，改善了油藏开发效果[11]。

在剩余油分布规律研究的基础之上，利用完善的数值模拟方法，优化了措施时机、悬浮液浓度、悬浮液段塞大小、刚性颗粒大小、泡沫注入时机、泡沫段塞大小、注汽速度等工艺参数的水平，得到了高温泡沫 + 刚性堵剂复合堵调的最佳工艺参数（表6-5）。

根据现场施工经验，选取了7个因素，每个因素取3个水平（表6-5）。

表6-5 优化参数水平

考察因素	水平1	水平2	水平3
时机［含水率（%）］	85	90	92
注汽速度（t/h）	4	5.5	7
悬浮液浓度（%）	15	20	25
段塞大小（m³）	0	300	600
颗粒大小（目）	300	600	800
泡沫注入时机（mon）	0	3	6
注氮气量（$10^4 m^3$）	60	120	180

（1）时机以区块含水率为标准，分别在含水达到85%，90%，95%时试验井组采取高温泡沫 + 刚性堵剂复合堵调方案；

（2）注汽速度是水驱转蒸汽驱后蒸汽的注入速度，分别为4t/h、5.5t/h、7t/h；

（3）泡沫注入时机为高温泡沫 + 刚性堵剂复合堵调方案实施的0个月、3个月、6个月时；

（4）氮气注入量：$2 \times 10^4 m^3/d$，注1个月、2个月、3个月，起泡剂（表面活性剂）的注入比例取5%；

（5）刚性调剖颗粒大小分别取 300 目、600 目、800 目；

（6）刚性调剖颗粒悬浮液浓度分别为 15%、20%、25%；

（7）刚性调剖颗粒注入量分别为 0、300m³、600m³。

设计 7 个因素 3 个水平的堵调参数正交表 L_{18}（3^7），见表 6-6。

表 6-6　优化参数的正交试验

方案	含水率	悬浮液浓度	段塞大小	颗粒大小	泡沫注入时机	注氮气量
方案 1	85%	15%	0	300 目	0 个月	$60 \times 10^4 m^3$
方案 2	85%	20%	300m³	600 目	3 个月	$120 \times 10^4 m^3$
方案 3	85%	25%	600m³	800 目	6 个月	$180 \times 10^4 m^3$
方案 4	90%	15%	300m³	600 目	6 个月	$180 \times 10^4 m^3$
方案 5	90%	20%	600m³	800 目	0 个月	$60 \times 10^4 m^3$
方案 6	90%	25%	0	300 目	3 个月	$120 \times 10^4 m^3$
方案 7	92%	20%	0	800 目	3 个月	$180 \times 10^4 m^3$
方案 8	92%	25%	300m³	300 目	6 个月	$60 \times 10^4 m^3$
方案 9	92%	15%	600m³	600 目	0 个月	$120 \times 10^4 m^3$
方案 10	85%	25%	600m³	600 目	3 个月	$60 \times 10^4 m^3$
方案 11	85%	15%	0	800 目	6 个月	$120 \times 10^4 m^3$
方案 12	85%	20%	300m³	300 目	0 个月	$180 \times 10^4 m^3$
方案 13	90%	20%	600m³	300 目	6 个月	$120 \times 10^4 m^3$
方案 14	90%	25%	0	600 目	0 个月	$180 \times 10^4 m^3$
方案 15	90%	15%	300m³	800 目	3 个月	$60 \times 10^4 m^3$
方案 16	92%	25%	300m³	800 目	0 个月	$120 \times 10^4 m^3$
方案 17	92%	15%	600m³	300 目	3 个月	$180 \times 10^4 m^3$
方案 18	92%	20%	0	600 目	6 个月	$60 \times 10^4 m^3$

通过物模和数模优化，最优方案是在含水率为 90% 时，注入蒸汽速度：5.5t/d，段塞浓度：15%，注入段塞：300m³，刚性颗粒的大小：600 目，泡沫注入时机：6 个月，注入的氮气量：$180 \times 10^4 m^3$ 时效果最好，即方案 4 为最佳堵调方案。

第四节　孤岛油田中二中Ng5油藏开发实践

针对普通稠油水驱开发采收率低、采油速度低的实际情况，在稠油新区逐渐减少的情况下，为寻找新的热采产能接替阵地，2006年胜利油田在孤岛中二中Ng5稠稀结合部选取4个200m×283m的反九点水驱井组开展普通稠油水驱后转蒸汽驱先导试验研究，探索中深层普通稠油油藏水驱后转蒸汽驱提高采收率的可行性。

一、油藏地质特征

孤岛油田中二中Ng5普通稠油水驱后转蒸汽驱先导试验区位于孤岛披覆背斜东倾部位的中二中区，为一具有边水的岩性—构造层状普通稠油油藏。试验区含油面积0.54km²，地质储量137×10⁴t，主要含油小层为$Ng5^3$，其次为$Ng5^4$、$Ng5^5$。构造形态总体为由南西向北东倾没的背斜侧翼，地层倾角1°～3°，油藏顶面埋深1268～1280m；$Ng5^{3+4+5}$叠合有效厚度一般为10～16m，平均13.5m；平均孔隙度一般31%～34%，平均渗透率一般1100～1834mD；地层原油黏度在200～500mPa·s；地层水总矿化度5000～15000mg/L，水型为$NaHCO_3$型。

二、开发实践

1. 开发历程与状况

1）开发历程

孤岛中二中Ng5先导试验区自1982年8月投产以来，水驱经历了弹性中低含水开发、注水中高含水开发产能递减、强注强采特高含水低速开发、水驱综合调整四个开发阶段（图6-55），截至2006年10月，先导试验井组日产油15t，综合含水88.8%，水驱采出程度18.8%，预测水驱采收率24.1%。

2）水驱后剩余油分布状况

（1）原油黏度和外围开发方式的影响。

依据试验区各时间单元剩余油饱和度场图，试验区东北部井组由于原油黏度较高，水驱效果差，剩余油饱和度高，剩余油饱和度大于55%，剩余油相对富集。而靠近注聚区的西南部井组原油黏度较低，水驱效果相对较好，且受邻近井区注聚合物影响，动用程度高，剩余油饱和度低，一般在50%左右（图6-56、图6-57）。

（2）水驱主流线比分流线上水驱动用程度高。

沿试验区28-523水驱井组主流线和分流线各切一个水驱结束时的剩余油饱和度场剖面（图6-58、图6-59）。从剖面来看，位于水驱井组主流线上的28-521井，各小层剩余油饱和度明显要低于位于分流线上的29-520井，该井与注水井之间剩余油比较富集，从

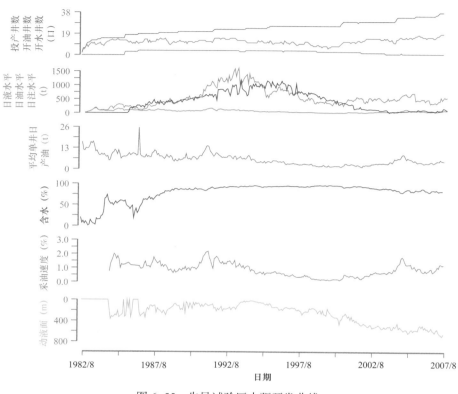

图 6-55　先导试验区水驱开发曲线

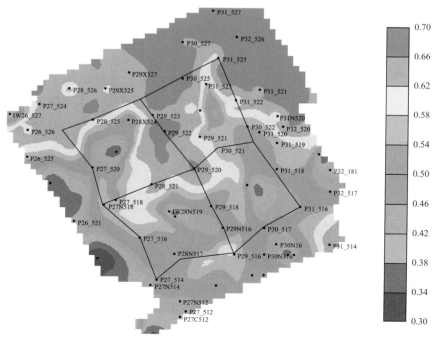

图 6-56　Ng532 层水驱后含油饱和度场

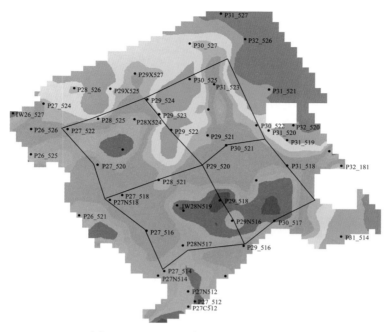

图 6-57　Ng533 层水驱后含油饱和度场

位于它们之间的新热采井 28-522 井（图 6-60）的测井曲线来看，各小层剩余油饱和度均在 50% 以上（图 6-61）。

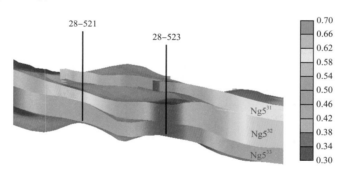

图 6-58　水驱主流线剩余油饱和度场

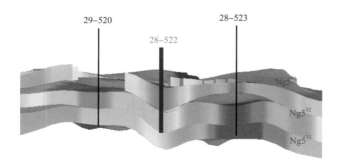

图 6-59　水驱分流线剩余油饱和度场

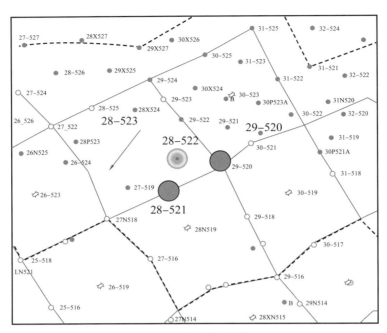

图 6-60 水驱井组井位图

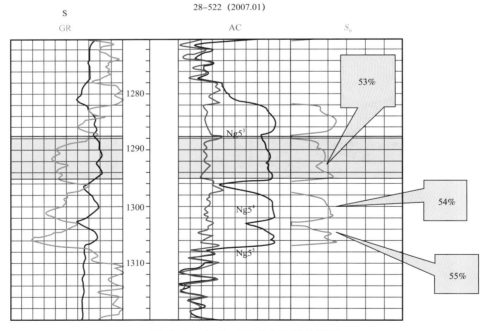

图 6-61 中 28-522 井水淹测井解释

（3）层间水驱状况。

纵向上，Ng5^3 原油黏度小，水驱动用程度高，水淹较严重；Ng5^4 和 Ng5^5 原油黏度大，水淹程度较低，剩余油仍集中在主力时间单元。

通过对 2004 年以来新完钻的 16 口井进行了精细测井二次解释，利用测井二次解释结果分析层间纵向上的水淹规律，发现层间纵向上上部小层比下部小层水淹严重。以 2007 年 6 月完钻的中 27-519 井为例，纵向上 3 个小层岩性、物性差别不大，$Ng5^3$ 小层含油饱和度为 50%，$Ng5^4$ 和 $Ng5^5$ 小层含油饱和度在 56% 左右，表明上部的 $Ng5^3$ 小层动用程度高，水淹较严重；下部的 $Ng5^4$ 和 $Ng5^5$ 动用程度较差，水淹程度较低（图 6-62）。

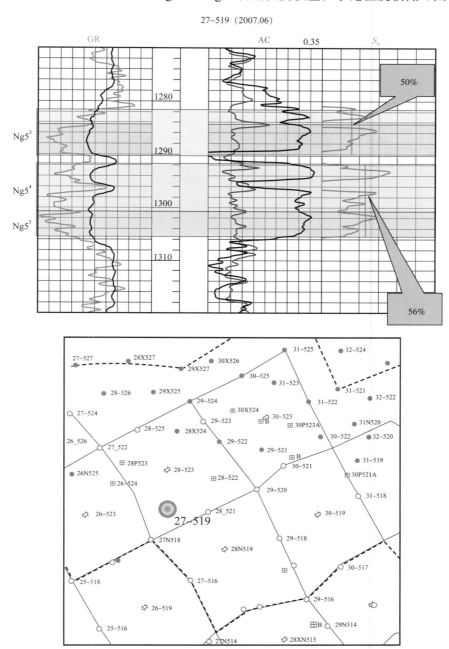

图 6-62　中二中层间纵向上水淹规律示意图（中 27-519 井）

（4）层内水驱状况。

由于试验区内储层为河流相正韵律，所以受到正韵律以及重力分异作用的影响，层内底部较顶部水淹严重，驱油效率高。例如中 27–519 井的 $Ng5^{33}$ 时间单元，底部含油饱和度为 50%，顶部含油饱和度为 62%（图 6–63）。中 29–521 井的 $Ng5^{31}$ 时间单元，底部含油饱和度为 50%，顶部含油饱和度为 60%，都是受到正韵律的影响。中 29–521 井的 $Ng5^{4+5}$，底部含油饱和度为 50%，顶部含油饱和度为 60%，是受到重力分异作用影响（图 6–64）。

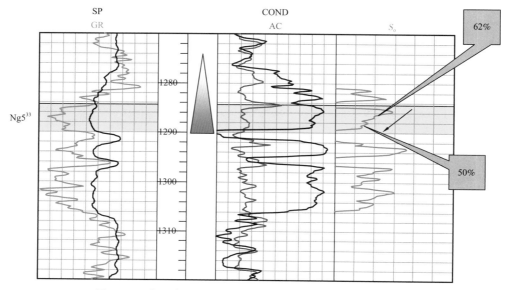

图 6–63　中二中层内纵向上水淹规律示意图（中 27–519 井）

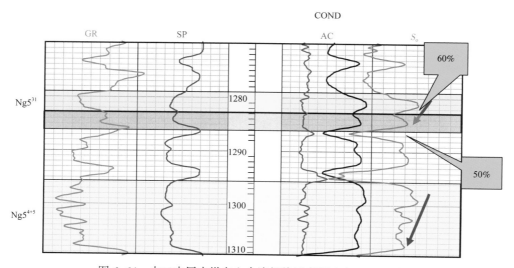

图 6–64　中二中层内纵向上水淹规律示意图（中 29–521 井）

3）压力状况

从动液面和地层压力曲线上看，中二中 Ng5 先导试验区注水开发后地层能量保持较好，地层压力基本不下降，动液面也保持在 400m 以上，后期随着注水井关停，注水量减少，地层压力开始下降，到 2006 年 8 月地层压力约 10MPa，压降 2.2MPa，动液面降到 600m 左右（图 6-65）。虽然地层压力已有一定下降，但对转蒸汽驱仍然偏高，需要先进行蒸汽吞吐将地层压力降至合适水平再转蒸汽驱。

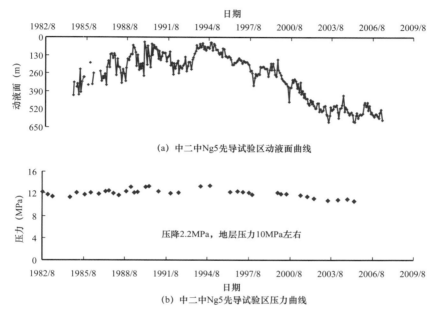

（a）中二中Ng5先导试验区动液面曲线

（b）中二中Ng5先导试验区压力曲线

图 6-65　中二中 Ng5 先导试验区动液面、压力曲线

2. 开发动态分析

从 2007 年起，试验区开始陆续对 4 个水驱井组进行次主流线加密，完钻新井 14 口（其中更新井 4 口），利用老井 11 口，形成 4 个 141m×200m 的反九点蒸汽驱先导试验井组。为降低地层压力、建立井间热连通，达到蒸汽驱的条件，试验区新井首先进行了蒸汽吞吐，该阶段是蒸汽驱的必经阶段。吞吐阶段井组日产油上升至峰值的 103t，较水驱阶段提高了 88t；综合含水 81.7%，较水驱阶段降低了 7.1%，整个吞吐阶段产油 11×10^4t，提高采出程度 9.6%。通过蒸汽吞吐阶段将油藏压力降至 7MPa 左右，同时实现井间热连通后，试验井组于 2011 年 9 月 15 日转蒸汽驱。

1）蒸汽驱注汽情况

在配套干度注汽锅炉（比普通锅炉出口蒸汽干度提高 20% 以上）和全密闭无热点注汽管柱（井筒千米热损失率由 15% 降为 5%）后，蒸汽驱先导试验井组 4 口注汽井于 2011 年 9 月 15 开始注汽，注汽质量较好，注汽强度符合方案设计，保持在 1.8t/（d·ha·m），各井组根据控制体积不同注汽速度分别为 5～5.5t/h，蒸汽井口干度稳定在 85% 以上，注汽压力为 9～11MPa（图 6-66）。矿场对中 23-533 井进行井底干度测试，在油层深度 1050m 处干度为 66%。根据干度随井深变化趋势，推测井底 1300m 处，干度仍可达到 60.5%（图 6-67）。

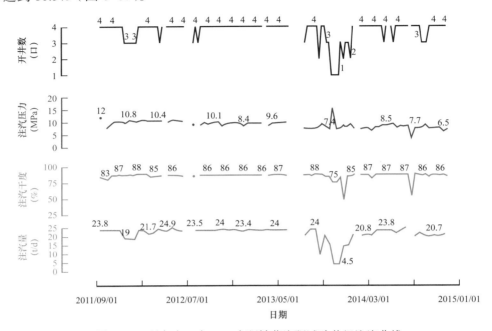

图 6-66　孤岛中二中 Ng5 水驱转蒸汽驱试验井组注汽曲线

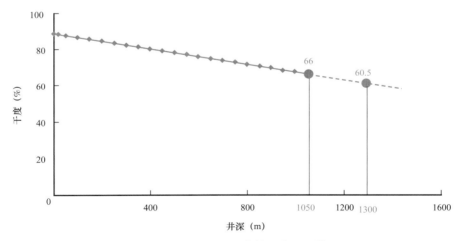

图 6-67　中 23-533 井井筒干度测试结果

2）蒸汽驱生产情况

先导试验井组转驱后，日产液量由吞吐阶段的 243.9t 升至 488.5t，日产油量由 38t 升至 89.3t，含水由 82.7% 降至 81.9%（图 6-68），中心井中 28-522 产油量由转驱前的 1.9t/d，峰值产油量增加到 17.7t/d，平均日增油 9.7t。截至 2014 年 11 月，吞吐 + 蒸汽驱已累计产油 19.3×10⁴t，提高采出程度 16.8%，累积油汽比为 0.28t/t。

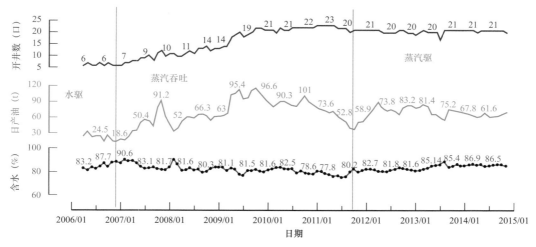

图 6-68　孤岛中二中 Ng5 水驱转蒸汽驱试验井组月度开发曲线

3. 开发效果评价

1）蒸汽驱受效特征

（1）试验区目前处于蒸汽驱替受效阶段。

室内物理模拟实验表明蒸汽驱整个过程分为三个阶段：存水回采期、汽驱受效期、蒸汽突破期（图 6-69）。其中存水回采期生产井产出液含水率初期较高而后逐渐降低，这是因为生产井底周围吞吐后有一定的冷凝水存在，转蒸汽驱初期这部分冷凝水先被采了出来，含水急剧上升，采油速度低。随着蒸汽的注入，产油量上升，含水率逐渐下降，进入蒸汽驱受效期，受效期随着蒸汽的不断注入，水平井产出液含水率在 50%～80% 上下波动，并维持较长的时间。在中期随着蒸汽的连续注入，生产井产出液温度始终未达到蒸汽温度，即蒸汽没有从生产井突破。当蒸汽突破到生产井时，产出液含水率迅速升高，达到 90% 以上，并伴随有蒸汽排出，产油量明显降低，采油速度也很低，蒸汽驱开采结束。

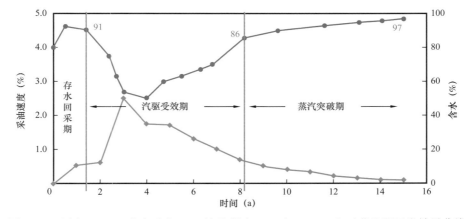

图 6-69　压力 5MPa、井底干度 0.6、注汽强度 1.9t/（d·ha·m）时蒸汽驱开发效果曲线

分析试验区生产特征，目前正处于蒸汽驱三个阶段中的受效期，转驱后，整体见效快，存水回采期短，仅有 10d 即进入受效期。受效期又表现为两个阶段：蒸汽驱替产量大幅上升阶段、含水上升产量递减阶段（图 6-70）。

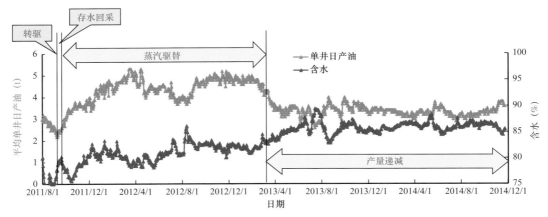

图 6-70　孤岛中二中 Ng5 水驱转蒸汽驱先导试验井组开发效果曲线

（2）整体见效明显，单井受效存在差异。

转驱后，油井均见效，但各井受效存在差异。单井日产液增加 3~37.3t，平均增加 19.6t，单井日产油增加 0.5~9.7t，平均增加 3.2t，单井含水平均降低了 2.5 个百分点（图 6-71、图 6-72）。

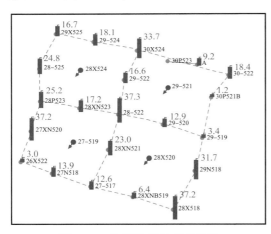

图 6-71　汽驱前后日产液差值

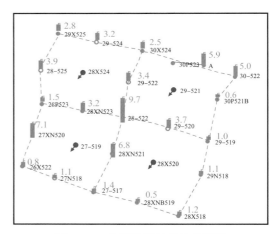

图 6-72　汽驱前后日产油差值图

（3）中心井区产油量上升明显，采收率大幅提高。

在 4 个蒸汽驱先导试验井组中，只有中心井区的 5 口油井能代表将来大规模实施蒸汽驱的真实效果。分析其开发效果发现，中心井区产油量上升明显，由转驱前的 10t/d 上升到 33t/d，其幅度显著高于整个试验井组，含水下降的幅度也较显著，由转驱前的 81.9% 降至 75.2%（图 6-73）。圈定中心井区 5 口井的控制储量为 26.6×10^4t，利用中心井区汽驱阶段水驱特征曲线标定其采收率可达 58.9%，远高于试验井组。

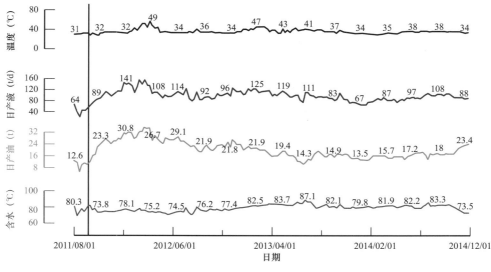

图 6-73 中心井区日度开发曲线

2）蒸汽驱开发效果影响因素分析

（1）吞吐有利于实现井间热连通，转驱前尽可能先吞吐。

从历史拟合后得到的温度场来看，加密新井经过多轮次的吞吐，井间温度在地层原始温度之上，说明井间已形成一定的热连通，有利于下步转蒸汽驱受效。常规老井由于未经过吞吐，井周围仍处于地层温度，未与注汽井之间建立热连通，不利于下步转蒸汽驱受效。对比转驱后热采井和常规井的生产曲线可以看出，热采井汽驱后效果明显好于常规老井，热采井平均单井日增油 3.5t，而常规老井平均单井日增油仅有 2.1t（图 6-74）。

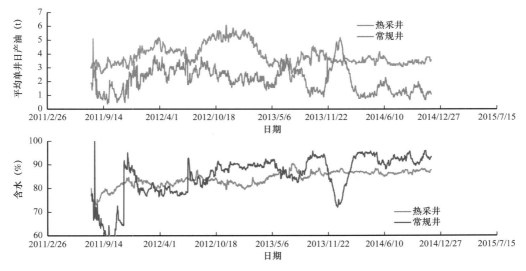

图 6-74 试验区热采井与常规井蒸汽驱阶段生产曲线对比

（2）水驱阶段采出程度高，转汽驱后最终采收率低。

受油性和周围开发方式的影响，试验井组水驱阶段的动用程度存在着较大的差异，比如南部 2 个井组 GD2-28X520、GD2-27-519 所处区域原油黏度较北部 2 个井组 GD2-28X524、GD2-29-521 低，且还受南部注聚区的影响，水驱阶段采出程度较高，转热采后，基础油相对较低，热采开发效果较差，热采阶段的采出程度较低，导致最终采收率较低（表 6-7）。

表 6-7 先导试验区各井组不同阶段采出程度统计表

井组	储量（10^4t）	水驱阶段采出程度（%）	热采阶段采出程度（预测）(%)	采收率（%）
29-521	32.3	19.65	29.4	49.05
28X524	36	14.82	35.6	50.42
28X520	20.1	29.23	17.7	46.93
27-519	26.6	23.95	24.2	48.15

（3）物性好的区域，蒸汽驱能取得较好效果。

试验区北部 2 个井组 GD2-28X524、GD2-29-521 所处区域油层厚度较厚，平均可达 17m，而南部 2 个井组 GD2-28X520、GD2-27-519 所处区域油层厚度较薄，平均仅 9m 左右。受油层厚度的影响，北部 2 个井组和南部 2 个井组蒸汽驱阶段开发效果存在显著的差异，北部井组效果明显好于南部井组（图 6-75）。

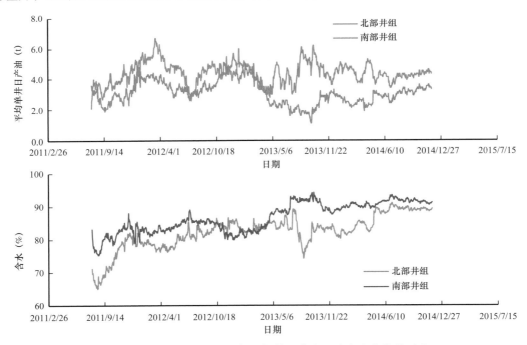

图 6-75 试验区南部井组与北部井组蒸汽驱阶段生产曲线对比

同时，物性好的区域，油井受效也较好。这从注采不完善的角井如果处于高渗透条带也能取得较好效果得到证明。比如，试验区的 GD2-30X524 井，位于两个汽驱井组受效不利的角井位置，但由于该井与两个井组的注汽井之间为高渗透性条带方向（图 6-76），该井转驱后仍然取得了较好的开发效果，日产油一直保持在 10t/d 左右（图 6-77）。

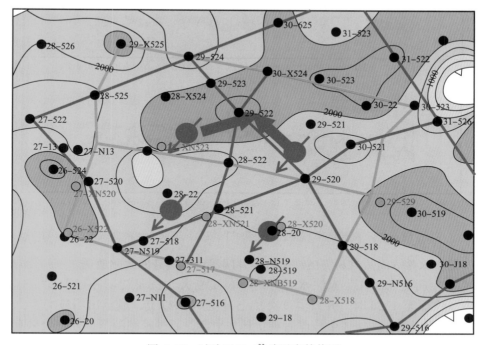

图 6-76　试验区 Ng5^{33} 渗透率等值图

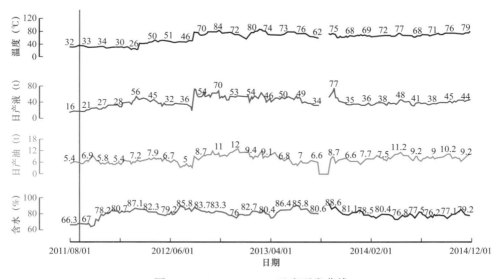

图 6-77　GD2-30X524 日度开发曲线

（4）注采完善的井区受效好，蒸汽驱尽可能大规模开展。

中心井区油井由于注采完善，全方位受效，不存在驱替死角，而其他的边角井，由于只是局部方向受效，见效明显不如中心井区，尤其是在汽驱的前期阶段（图 6-78）。

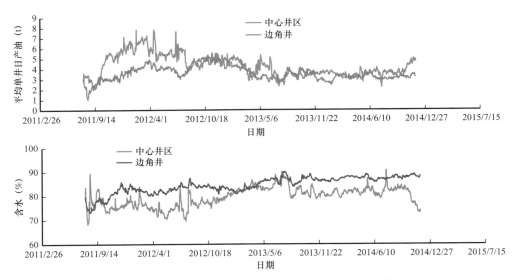

图 6-78　试验区中心井区与边角井区域蒸汽驱阶段生产曲线对比

（5）沿注水井方向蒸汽易突破，蒸汽驱井网尽可能避开原水驱通道。

GD2-28- 斜更 523 井为原注水井旁的一口更新井，汽驱初期井口温度一直保持在30～40℃，汽驱至 133d 时，井口温度突然上升至 90℃以上，显示出明显的蒸汽突破现象，2 个月以后该井关井，3 个月以后重新开井生产，通过控制液量，开发效果有所改善（图 6-79）。

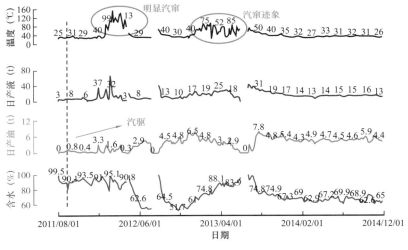

图 6-79　GD2-28—斜更 523 井日度开发曲线

（6）及时的调整可作为提高蒸汽驱效果的有效手段。

利用数值模拟跟踪试验区开发动态，从目前剩余油饱和度场图可以看出，平面上动用存在不均衡现象，目前试验区经过 3 年的汽驱，平均剩余油饱和度为 0.43，而北部 2个原油黏度高的井组动用程度程度明显要高，平均剩余油饱和度仅 0.4。

受效不均衡和汽窜突破会导致蒸汽驱低效甚至无效循环，降低经济效益。因此在先导试验井组目前配液量方案（表6-8）的基础上，进行了配液量调整优化（对受效过快的井适当降低液量，尤其是对有突破迹象的井降低液量，对受效不明显的井进行提液），设计了提液方案（表6-9）。

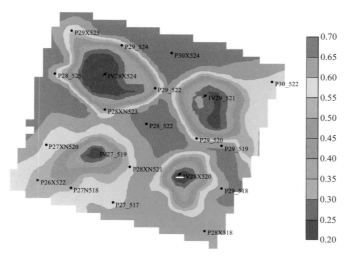

图6-80　先导试验井组 Ng5^{32} 层汽驱至目前剩余含油饱和度场

表6-8　试验区目前配液量方案

井号	配液量（t/d）	井号	配液量（t/d）
30P521	25	28XN521	30
29–519	55	27–517	43
29–518	25	29–524	17
28X518	27	28XN523	48
30P523	30	27N518	24
29–520	55	29X525	16
28XNB519	18	28–525	17
30X524	44	28P523JK	52
29–522	60	27XN520	24
28–522	105	26X522	25
30–522	20	总排液量	760

表 6-9　试验区液量调整设计方案

井号	配液量（t/d）	井号	配液量（t/d）
30P521	25	28XN521	45
29-519	55	27-517	43
29-518	25	29-524	26
28X518	27	28XN523	30
30P523	30	27N518	24
29-520	66	29X525	24
28XNB519	27	28-525	26
30X524	55	28P523JK	52
29-522	72	27XN520	24
28-522	120	26X522	25
30-522	20	总排液量	841

利用新钻井资料和数模跟踪修正后的模型对目前液量方案和液量调整方案进行模拟计算，计算结果表明，提液后，蒸汽驱效果均有一定程度的改善，平面上各井受效较液量调整前均衡了（图 6-81），蒸汽驱最终采收率可达 50.3%，比目前液量下提高近 1 个百分点，进一步提高了蒸汽驱效果。

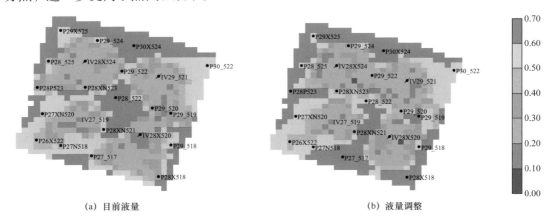

(a) 目前液量　　　　　　　　　　　　　　　(b) 液量调整

图 6-81　蒸汽驱末剩余油饱和度场

同时，矿场 2013 年以来针对平面驱替不均衡进行了综合治理，实施防砂 4 井次、吞吐引效 6 井次、热洗挤降黏剂 5 井次。液量调整和单井治理后，监测示踪剂 2 井次，注蒸汽井井筒蒸汽参数及吸汽剖面 3 次，显示蒸汽驱推进向均衡方向发展的趋势，推进速度差异变小。及时的调整遏制了试验区井组产量递减的势头，井组产量得到一定幅度的回升。

参 考 文 献

［1］王厉强，董明，许学健，等.深层稠油油藏Ⅰ–2型普通稠油水驱油可行性评价［J］.当代化工，
2020，49（5）：927–930.

［2］王磊.稠油油藏注蒸汽转火驱驱油机理研究及应用［D］.北京：中国石油大学（北京），2018.

［3］常立争.朝44–601区块水驱油藏转蒸汽驱开发试验研究［D］.大庆：东北石油大学，2018.

［4］霍进.水驱后转注蒸汽开发稠油油藏精细油藏描述与数值模拟研究［D］.南充：西南石油学院，
2004.

［5］高丽，李丽丽，宋金艳.稀油油藏水驱后转蒸汽驱油机理研究［J］.内江科技，2012，33（7）：
39–40.

［6］庞进，刘洪，李泓涟.油藏水驱后蒸汽驱增油机理实验［J］.油气地质与采收率，2013，20（4）：
72–74，78，116.

［7］张保卫.稠油油藏水驱转热采开发经济技术界限［J］.油气地质与采收率，2010，17（3）：80–82，
116.

［8］杜殿发，姚军，刘立支.边水稠油油藏水驱后蒸汽吞吐方案设计［J］.石油大学学报（自然科学版），
2000（2）：44–46，8–7.

［9］Lu C，Zhao W，Liu Y，et al. Pore–Scale Transport Mechanisms and Macroscopic Displacement Effects of
In–Situ Oil–in–Water Emulsions in Porous Media［J］. Journal of Energy Resources Technology，2018，
140（10）：584–598.

［10］孙焕泉，王敬，刘慧卿，等.高温蒸汽氮气泡沫复合驱实验研究［J］.石油钻采工艺，2011，33（6）：
83–87.

［11］李朋涛，钱明明，陈和平，等.热采井泡沫辅助无机颗粒抑制边水技术应用研究［J］.石化技术，
2017，24（9）：93.

第七章　高轮次吞吐后提高采收率技术

稠油热采油藏伴随着吞吐周期的增加，生产效果变差，表现为周期产油量大幅降低，含水高，油汽比低。蒸汽驱是稠油油藏蒸汽吞吐后进一步提高采收率必要的接替方式，国外已大规模工业化应用，提高采收率幅度非常明显[1-2]。针对蒸汽驱本身存在的问题需要采用化学剂辅助蒸汽驱来缓解在重力超覆和黏性指进等两个问题。本章以胜利油田为背景，介绍高轮次吞吐后稠油化学蒸汽驱提高采收率技术。

第一节　高轮次吞吐后提高采收率技术难点与方向

一、提高采收率技术难点

注蒸汽热力采油是开发稠油油藏的有效手段。注蒸汽吞吐的规律是在第4、第5周期产油量达到峰值，此后伴随着吞吐周期的增加，周期产油量逐渐降低，综合含水增加，生产效果日益变差[3]。注蒸汽热采多轮次吞吐后存在的问题及难点在于以下几点：

（1）油藏动用程度差异。

对于互层状油藏，由于层与层之间存在着物性差异，从而导致多轮次注汽生产后油藏动用不均，高、低渗透层矛盾突出，相互影响，相互干扰，主要表现在注汽环节高渗透层重复吸汽，造成注入蒸汽的浪费，而无法有效动用低渗透层。

（2）油层压力高，蒸汽带小，热水带大。

由于油藏埋藏深，造成油层压力高，而在较高压力下蒸汽的汽化潜热和比容都较低，形成的蒸汽带规模小，热水带的范围大。然而胜利油田稠油油藏都有一定的边底水，因此要使转驱前压力降到5MPa以下的难度较大，从而增加了胜利稠油蒸汽驱开发的难度。

（3）新、老层相互干扰。

多数稠油区块已经进入吞吐开采中后期，调补层井逐渐增多，新老层之间存在着动用程度、油层压力、含水变化等几大差异，严重影响储层的有效动用，分层注汽势在必行。从开发的角度来说油井射孔由下至上依次进行，因此调补层多数位于生产井段上部，即上部注汽单元为主要潜力层段，原有的分注方式较单一，不能满足这类变化了的油藏特点。

（4）地层参数较原始情况发生变化。

经过多轮次吞吐后地层参数有较大变化，主要表现在地层压力下降，储层渗透率、渗流孔道差异增大等方面。超稠油油藏经过多轮次蒸汽吞吐开采后，超稠油组分发生了变化，沥青质含量高达 50% 以上，饱和烃较低，只有 12%～14%，正构烷烃基本上被降解。多轮次蒸汽吞吐开采后比吞吐前原始的胶质沥青质含量大幅增加，重质成分增加，轻质成分减少。超稠油经多轮次蒸汽吞吐开采后，超稠油性质变差，将会引起黏度增加、密度增加。

（5）水层的影响。

对于伴有边底水、夹层水等水层的油藏，一旦发生水侵，由于水的流动性要远远大于原油，所以很难采出进水油层的原油，有的甚至根本采不出，而合采的其他油层也会受到严重抑制。油井一旦见水，含水会在短期内很快上升，无法对油层进行行之有效开采。

（6）多轮次吞吐后井况变差。

由于密封技术不过关，而套管、水泥环的热伸长系数不同，造成同一温差下伸长量的差异。因此经过多轮次注汽后，套管外窜、变形严重，甚至错断。在现有的技术条件下无法进行正常的注汽生产，随着吞吐轮次的增加，这类油井不断增加，直接影响到稠油区块的产量。

二、提高采收率技术方向

由于中深层稠油油藏蒸汽井底干度低，热水带宽，驱油效率低及波及体积小，同时由于河流相非均质性强以及水淹高渗透条带存在，易造成蒸汽窜流[4]，为解决蒸汽驱中蒸汽窜流波及体积小以及宽热水带驱油效率低问题，采用以蒸汽、起泡剂、氮气、驱油剂作为驱替介质的化学辅助蒸汽驱技术，并以水平井代替直井注汽，由径向驱动转变为线性驱动，从而改善蒸汽驱效果，实现中深层高含水稠油油藏有效蒸汽驱[5-6]。高轮次吞吐后提高采收率思路主要体现在以下几点（图 7-1）。

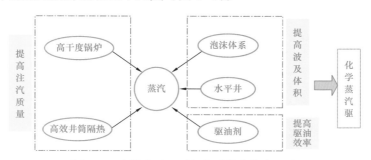

图 7-1　高轮次吞吐后提高采收率技术思路

（1）提高波及体积。

高温泡沫改善波及状况。利用泡沫体系逐步形成泡沫堵塞，使高渗透大孔道中渗流阻力增大，迫使驱替剂更多地进入低渗透小孔道驱油。同时，泡沫还具有"堵水不堵油"作用，即泡沫遇油消泡、遇水稳定，从而迫使驱替剂更多地进入含油饱和度较高的地区。使用水平井进一步扩大井筒与油藏的接触面积，增加波及面积[7]。

（2）提高驱油效率。

高温驱油剂是一种活性很强的磺酸盐类阴离子物质，能降低油水界面张力，改善岩石表面的润湿性，使原来呈束缚状态的原油通过油水乳化、液膜置换等方式成为可流动的油[8]。

（3）保证注汽质量。

采用高干度锅炉和高效井筒隔热技术确保注汽质量。同时，在套管中伴注氮气，能够有效降低井筒热损失，提高蒸汽驱井底干度[9]。

第二节　高轮次吞吐后开发技术优化

一、化学蒸汽驱方式优化

利用孤岛中二北 NG 试验区实际模型设计了 5 种开发方式，分别是热水驱、热水驱 + 驱油剂、蒸汽驱、蒸汽驱 + 驱油剂和蒸汽驱 + 驱油剂 + 泡沫剂 + N_2。模拟过程中，蒸汽温度为 300℃，蒸汽干度为 45%，采注比为 1.2，蒸汽连续注入，驱油剂 + 泡沫剂 + N_2 段塞采用注 30 天停 30 天的方式注入，泡沫剂的浓度为 0.4%，驱油剂的浓度为 0.5%。从累计产油量和阶段采出程度来看（表 7–1），蒸汽驱效果比热水驱好，单纯在蒸汽驱和热水驱中添加驱油剂提高采出程度效果不明显，蒸汽驱 + 驱油剂 + 泡沫剂 + N_2 方式采出程度可大幅提高，效果最好，因此推荐采用化学蒸汽驱为驱油剂 + 泡沫剂段塞辅助连续汽驱方式。

表 7–1　不同开发方式优化方案对比结果

开发方式	汽驱时间（d）	注汽量（10^4t/d）	注驱油剂量（t）	注氮气（10^4m³）	注泡沫剂量（t）	累计产油量（10^4t）	采出程度（%）	汽驱阶段采出程度（%）
热水驱	1010	9.70				4.44	38.47	7.87
热水驱 + 驱油剂	1020	9.79	244.8			4.71	40.81	10.21
蒸汽驱	880	8.45				5.26	45.61	15.01
蒸汽驱 + 驱油剂	940	9.02	225.6			5.67	49.12	18.52
蒸汽驱 + 驱油剂 + 泡沫剂 + N_2	1140	10.94	47.5	332.6	190.1	6.64	57.51	26.91

二、井网井距优化

数模方案中设计了 141m×200m 和 100m×141m 两种井距条件下 2 种井网方式，分别为反五点法和反九点法，结果表明，无论大井距还是小井距，反九点法井网汽驱效果好于五点法井网（图 7-2），对不同井距，化学蒸汽驱均能大幅度提高采收率，小井距井网提高幅度更大。

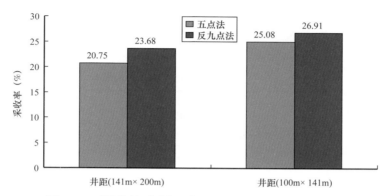

图 7-2　不同井距不同井网化学蒸汽驱阶段采收率对比图

三、化学蒸汽驱参数优化

1. 转化学蒸汽驱时机

通过数值模拟，对 141m×200m 和 100m×141m 两种井距条件下不同汽驱时间转化学蒸汽驱时机进行优化。结果表明，100m×141m 井距条件下，当蒸汽驱注入 0.25PV 蒸汽后转化学蒸汽驱，采出程度最高；141m×200m 井距条件下，蒸汽驱注入 0.2PV 蒸汽后转化学蒸汽驱，效果最好。

2. 化学剂浓度

通过数值模拟，对 141m×200m 和 100m×141m 两种井距条件下泡沫剂浓度和驱油剂浓度进行了优化，结果表明，当泡沫剂浓度高于 0.5% 时，两种井距条件下阶段采出程度增幅减缓，当驱油剂浓度高于 0.3% 时，两种井距条件下阶段采出程度变化不大，所以，合理的泡沫剂浓度为 0.5%（图 7-3），驱油剂浓度为 0.3%（图 7-4）。

3. 气液比

数模结果表明，141m×200m 和 100m×141m 两种井距条件下，合理的气液比为 1.02～1.05，折算地面气液比为 70 左右。

4. 注入方式

利用双管模型，对泡沫剂和驱油剂的先后注入方式开展了驱油效率对比实验，结果表明，先注泡沫剂后注驱油剂较先注驱油剂后注泡沫剂方式提高驱油效率 2.4%，主要原因是先注泡沫剂，封堵高渗透汽窜通道，通过驱油剂更能提高高低渗透管的驱油效率，综合考虑注入方式为先注泡沫剂后注驱油剂。

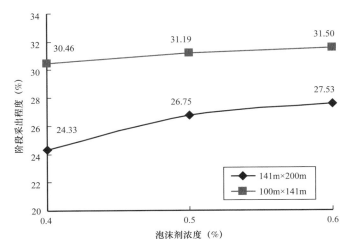

图 7-3　化学蒸汽驱阶段采出程度与泡沫剂浓度关系曲线

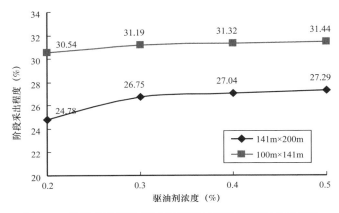

图 7-4　化学蒸汽驱阶段采出程度与驱油剂浓度关系曲线

同时，室内实验还表明，化学剂多段塞注入好于单一长段塞，利用数值模拟，设计了 7 种段塞长度，分别是化学剂塞注 30 天停 180 天，注 30 天停 90 天，注 20 天停 30 天，注 30 天停 30 天，注 40 天停 30 天，注 60 天停 30 天和连续注入，在整个过程中，蒸汽是连续注入的。从净采油量和阶段采出程度来看（图 7-5），注 30 天停 90 天效果相对较好。化学剂多段塞均匀间隔注入，实现蒸汽前缘动态调整，提高蒸汽前缘稳定，提高波及体积。

5. 采注比优化

要使化学蒸汽驱取得好的开发效果，其必要条件之一是保持汽驱过程是个降压过程，因此采注比的选取非常重要，共设计了三种采注比进行对比，分别为 1.0，1.2 和 1.4，随着采注比的增加，开发效果变好，由于 1.0 的采注比基本上是一个恒压开采过程，蒸汽驱效果不明显，当采注比提高到 1.2 后，阶段采出程度迅速上升，采注比大于 1.2 以后，采出程度增加幅度变缓，推荐采比大于 1.2。

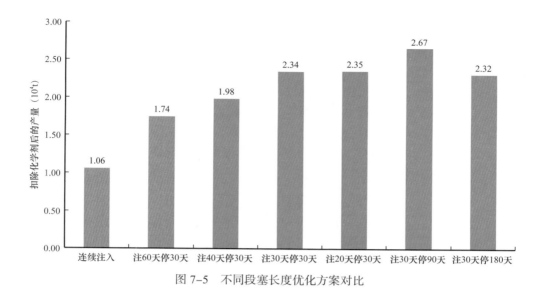

图 7-5　不同段塞长度优化方案对比

第三节　配套工艺技术

一、等干度分配、计量装置

1. 高干度注汽锅炉

高干度注汽锅炉的流程在原有的锅炉流程上做了改进（图 7-6），蒸汽出口增设了汽水分离器，过热段安装在对流段下方。由汽水分离器分离出的高干度蒸汽回到过热段对其进行过热后，温度达到 460℃ 左右进入喷水减温器，与分离出的饱和水再混合，混合后的温度降到 370～390℃，最后将过热蒸汽注入井。

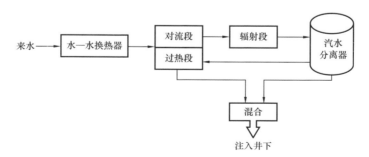

图 7-6　高干度锅炉流程图

蒸汽锅炉技术指标如下：额定蒸发量 30.0t/h；额定工作压力 17.2MPa；锅炉燃烧效率≥93%；锅炉出口蒸汽干度≥99%；从现场应用情况来看，蒸汽干度可以达到 99%。

2. 地面等干度分配装置

将气液两相流体分离，分别按要求进行气体和液体的分配，然后再汇合成两相流。这种间接的分相式分配方法完全避免了直接分配两相流体时所产生的相分离问题，使分配器的出口干度变成了一个可控的参数，不再是不确定的随机量。该设计是以四通为主要元件组成了一个分相式流量分配测量一体化装置，在重力和惯性力的作用下，从管线流入的两相流体进入四通时会发生完全的相分离，气体向上进入气体支路，液体向下进入液体支路。在气体和液体支路上分别安装了流量计，分别测量气体和液体的流量。气体和液体分别经计量后在混合器内重新汇合，然后经过流量调节阀流向下游（图7-7）。

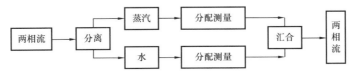

图 7-7　分相式流量分配原理图

在分配回路内，气体支路与液体支路之间成并联关系。根据并联回路的性质，气体支路上的压力降应与液体支路上的压力降相等，而压力降又与流量的平方成正比。因此，在分配过程中气体流量与液体流量始终成确定的比例关系。液体流量总是随气体流量的增减而增减，从而自动维持出口干度的稳定。通过调节液体支路上的流量调节阀，可以调节出口干度。通过调节回路出口的流量调节阀，可以调节分配回路内的两相流体流量。在流量调节过程中基本上不影响该路干度的高低，因此分配器具有很好的干度调节能力和稳定性。

其技术指标如下：耐温370℃；耐压22MPa；分配蒸汽干度范围20%～90%；一体化装置分配到各支管的蒸汽干度相差值小于6%。

3. 蒸汽流量控制装置

1）调控装置结构

通过调研国内外蒸汽调控装置研究现状发现，文丘里喷嘴具有不受下游压力等因素影响、流量控制稳定且压力损失小的特点，适合油田注汽的要求，因此优选临界流文丘里喷嘴作为流量调控装置，同时考虑到注汽过程中注汽管线掉落的铁屑存在堵塞喷嘴喉口的可能，在喷嘴前段加装沉砂段设计。通过结合现场实际设计处恒流式蒸汽控制装置。该装置主要由沉砂段、恒流装置和下游直管段组成，如图7-8所示。

图 7-8　恒流式蒸汽流量控制装置

2）装置工作原理

恒流式测控装置采用了临界流文丘里喷嘴结构。文丘里喷嘴是个孔径逐渐减小的流道，孔径最小的部分称为喉部，在喉部的后面有孔径逐渐扩大的流道，如图7-9所示。

喷嘴可随着其下游扩大管长度的不同得到不同的临界压力比，最大可以达 0.9。当气流通过喉部时气流速度可达到音速。此时马赫数等于 1，流量只与上游压力有关（与下游压力无关），流出系数只与雷诺数有关。所以适合于作为气体流量计量标准使用。

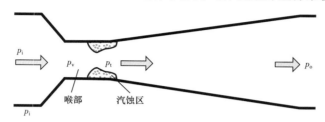

图 7-9　临界流文丘里喷嘴结构示意图

在理想条件下，理论上可以导出喷嘴的质量流量 q_{mi} 为：

$$q_{mi} = A_* C_{*i} \frac{p_0}{\sqrt{RT_0}} \qquad (7-1)$$

式中　A_*——喷嘴喉部的内截面积；

　　　R——气体常数；

　　　C_{*i}——理想条件下的临界流函数；

　　　p_0——喷嘴前的气体滞止压力；

　　　T_0——嘴前的气体滞止温度。

　　C_{*i} 是气体特征与滞止条件的函数，其表达是为：

$$C_{*i} = \sqrt{r} \left(\frac{2}{r+1} \right)^{\frac{r+1}{2(r-1)}} \qquad (7-2)$$

式中　r——比热比。

　　在实际条件下喷嘴的质量流量 q_m 为：

$$q_m = A_* C C_* \frac{p_0}{\sqrt{RT_0}} \qquad (7-3)$$

式中　C_*——实际气体的临界流函数，它是假定气体为一维等熵流动的条件下，利用真实气体的热力学性质表计算出来；

　　　C——流出系数，它是对"一维、等熵流动"这种假设条件的修正。实验表明 C 只是雷诺数 Re 的函数。

$$Re = \frac{4q_m}{\pi d \mu_0} \qquad (7-4)$$

式中　Re——喷嘴的喉部雷诺数；

　　　d——喷嘴喉部直径；

　　　μ_0——气体在滞止条件下的动力黏度。

从式中可知，对于固定喉口面积的临界流文丘里喷嘴，只要试验得到流出系数 C，就可按测的滞止压力 p_0 和滞止温度 T_0（由此查表可知 C_*）计算出质量流量。同时，把临界流文丘里喷嘴与亚音速差压式流量计相比，可以发现就临界流文丘里喷嘴而言，流量与喷嘴上游滞止压力成正比，并不像亚音速流量计那样是与实测的压差值的平方根成正比。给定临界流文丘里喷嘴所能达到的最大流量范围通常是由入口压力范围所限定。所以要得到更宽范围的临界流量，并且在上游压力变化时仍然保证其工作的临界流状态，可以采用变喉口面积的文丘里喷嘴来实现（图7-10）。

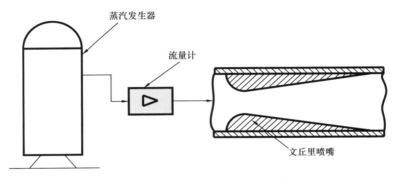

图 7-10　蒸汽直接流过文丘里喷嘴装置

其技术指标如下：额定工作压力 22MPa；额定工作温度 370℃；流量调节范围 0～12t/h；流量调节误差 6%。

4. 汽水两相流测量装置

目前用于测量蒸汽流量、干度、温度、压力的测量仪器和方法很多，但是在现场成熟应用的测试设备却不多见。现有技术的汽（气）液双相流量和干度的测量方法及装置，要想测得油田地面注汽湿蒸汽流量、干度、压力、温度，必须用到非常多的设备，所以实际中测量程序非常繁琐，各项参数的精度也无法保证。本研究目的在于提供油田地面湿蒸汽两相流测量装置，利用单个节流装置，一套差压和压力测试仪表实现油田地面注汽湿蒸汽流量、干度、压力、温度的测量。

油田地面湿蒸汽两相流测量装置用于测量水蒸气流量和干度、温度、压力四个参数。该两相流量计分为两部分，一部分由孔板与扰动体和金属过滤网组成节流装置，另一部分由压力及差压变送系统和工控采集显示装置组成，该部分是固定式结构，第一部分节流装置根据需要连接在注汽井口的补偿器前，连接方式为卡箍连接，另一部分由引压管道连接到测量流程上。工控系统及压力和差压变送系统可以长期在线检测；也可以测完后卸下，从而可实现一套二次仪表对多口热采井的巡回测试，相对降低了每口井的测试费用。

1）汽水两相流量计装置结构

采用固定式两相流测量系统（图7-11），可以全过程实时监测注汽井口温度、压力、流量、干度参数，并通过无线远传技术上传到网络实时查看。确保了注汽井口源头数据的准确、实时、高效。

图 7-11　固定式汽水两相流计量装置结构示意图

2）技术原理

根据两相流流动的脉动性，利用单节流件通过测量节流压差与差压噪声信号实现同时在线测量蒸汽流量、干度等参数。

用差压变送器测出水蒸气两相流流过孔板时形成的孔板前后的瞬时差压值 Δp_i，并对采集到的 n 个瞬时差压值按下式计算，则可求得此时间内气液两相流体流过孔板时的平均差压值 Δp_{TP}：

如将测得的瞬时压差值 Δp_i 和平均压差值 Δp_{TP} 的差称为差压的脉动振幅，则此脉动振幅均方根平均值 ΔB 可由下式表示：

$$\Delta B = \left[\frac{1}{N} \sum_{1}^{N} (\Delta p_i - \Delta p_{TP})^2 \right]^{\frac{1}{2}} \tag{7-5}$$

$$B = \Delta B / \Delta p_{TP} \tag{7-6}$$

当压力一定或汽液密度比 ρ_g/ρ_l 一定时，上式中 B 只与汽液两相中的汽相质量含量 x 值有关。

当计算机根据测量信号算得某试验工况的 ΔB 及 Δp_{TP} 值后，即可按式（7-6）求出 B 值。根据 B 值即可由式（7-7）计算该工况下的汽相质量含量 x 值。

$$G_{TP} = \alpha_{TP} \varepsilon A \frac{\sqrt{2g\Delta p_{TP}\rho_g}}{x + \theta(1-x)\sqrt{\rho_g / \rho_l}} \tag{7-7}$$

式中　G_{TP}——两相质量流量，kg/s；

A——孔板开孔面积，m^2；

Δp_{TP}——两相流流经孔板时的差压，Pa；

ρ_g——汽相密度，kg/m^3；

ρ_l——液相密度，kg/m^3；

α_{TP}——两相流流经孔板时的流量系数；

θ——系数；

g——重力加速度，m/s^2；

ε——流体压缩系数。

3）技术指标：

（1）流量范围 3～11.5t/h；（2）测压范围 4～17MPa；（3）测温范围 0～370℃；（4）干度 0～100%；（5）计量误差小于 8%。

二、高干度注汽工艺

高干度注汽保证井底蒸汽干度≥60%，而普通稠油水驱转热采工艺技术方面面临的主要难点之二就是井筒高效注汽工艺技术，普通稠油水驱后剩余油呈现"整体富集，局部集中"的分布模式，在油藏压力较高的情况下，需要向油藏注入更高干度的蒸汽，才能获得与低压中干度同样的采出程度。

蒸汽自锅炉出口经过地面管线和井筒进入油藏过程中，因地面管线和井筒存在热损失，使得沿程蒸汽的干度不断降低。因此，在地面管线保温良好的情况下，为了提高井底蒸汽的干度，应从提高井口蒸汽干度和降低井筒热损失两个方面开展工作。

1. 提高井口蒸汽干度注汽工艺

由于注蒸汽锅炉中必须有一定的水相以携带可溶性固体含量，以防止结垢损坏，因此锅炉出口的蒸汽干度一般在 70%～80%，考虑到地面注汽管线的热损失，蒸汽到达井口后蒸汽干度一般低于 70%，另外由于井筒管柱还存在热损失较大的局部环节（如补偿器不隔热、接箍隔热效果差、接箍密封差等），使得井底的蒸汽干度较低，一般低于 40%，而保证井底蒸汽干度大于 40% 是蒸汽驱成功的关键因素之一，在高地层压力下，甚至要求井底蒸汽干度要达到 60% 以上，因此必须提高井口蒸汽的干度。

在地面输汽管线确定的情况下，提高地面蒸汽干度有两种方式，一是在锅炉出口安装汽水分离器，经过汽水分离器后蒸汽的干度可以达到 95% 左右；二是应用高干度锅炉提高蒸汽干度。汽水分离器的矿场应用表明，能够有效提高井口蒸汽干度，但使用汽水分离器后，增加了系统的热损失，能量浪费比较严重。从提高注汽系统热效率的角度看，高干度注汽锅炉发展前景良好。

在国内外调研的基础上，研制了一套适用于出口蒸汽干度达到 90% 运行水质参数的水处理装置，整套装置由 4 大系统组成：生水预处理系统（砂滤器、超滤），反渗透脱盐系统，软化系统，除氧系统。

该装置在生水硬度≤450mg/L、TDS≤1000mg/L、暴氧水的前提下，出水指标可达到：TDS≤30mg/L，硬度为 0，溶解氧≤0.1mg/L。

高干度注汽锅炉在中二中先导试验区已正式投产运行，锅炉出口蒸汽最高干度达到90%，设备运行平稳。

2. 全密闭无热点注汽工艺

通过研制自扶正隔热油管隔热接箍、隔热补偿器，减少了注汽管柱热点热损失，改进的 Y441 强制解封蒸汽驱封隔器提高了油套环空的密封效果，选用 C 等级高真空隔热油管，形成了蒸汽驱全密闭无热点注汽工艺管柱，管柱示意图如图 7-12 所示。

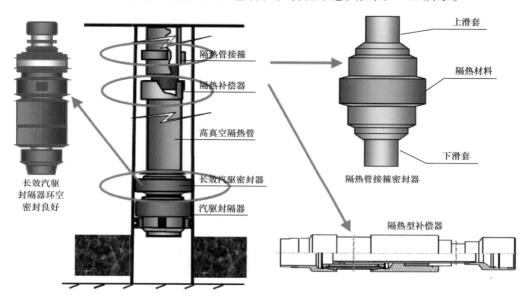

图 7-12 全密闭无热点注汽工艺管柱示意图

三、直读式井底流温流压测试仪

目前胜利油田稠油热采测试过程中，普遍采用电子存储式的测试方法，一是存在测试数据滞后的问题；二是由于测试仪内的电子元器件受温度的影响，存储式测试仪不能长时间在井下进行测试，它不能用于测注汽井焖井时的压降；因此，现有测试仪已不能满足现场对于一些有特殊测试要求热采井的需要。针对蒸汽吞吐及蒸汽驱稠油热力开采过程中，电子存储式测试技术存在滞后、不能及时指导和调整测试井注汽或生产参数，难以满足动态监测的目的等问题，开发研制稠油热采井井下直读式动态检测技术。该监测技术能满足井下压力 30MPa，温度 375℃时的温度、压力直读在线监测任务。从而解决了：（1）注汽过程中井下蒸汽温度、压力实时监测；（2）焖井过程中，井下压降规律监测；（3）生产井井底流温流压参数监测等现场监测技术难题，为稠油开发提供强有力的技术支撑。

1. 系统总技术路线

本系统是通过优选井下无电子部件的耐高温传感器进行热采井井下温度和压力的实时测试；研制耐高温不锈钢毛细管电缆把压力和温度监测信号实时传输到地面；通过计

算机进行信号采集、处理、存储及显示相关测试参数；把整套系统安装在电缆绞车上，进行活动式测试，提高系统的利用率。编制试井解释软件，对直读测试资料进行试井解释。使该项目达到测试系统与软件相结合，对注蒸汽井实现井下热采动态测试及分析的目的；对稠油热采井进行直读式在线动态测试和分析，达到边注汽、边优化、边生产及边调整的目的。

2. 系统组成

该检测系统主要由井下温度测试模块、井下压力测试模块测得井下监测层位的温度压力信号，测得的信号经耐高温铠装测试电缆传输到地面采集、控制装置进行数据采集、储存并进行实时显示（图 7-13）。井下测试电缆由井下温度测试仪和压力测试仪经卡套密封后引出，沿油管壁向上穿越。穿越过程中采用井下测试电缆保护器和过接箍保护器进行保护，防止脱落和磕碰造成不必要的损坏。从井下穿出时是通过套管大四通的阀门引出，并用密封装置进行密封。穿出的电缆经埋地的方式连接到井口附近的测试采集控制装置上，进行采集、存储及实时显示等功能。

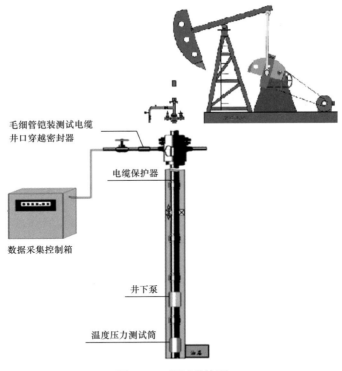

图 7-13　测试系统图

3. 测试仪结构

井下测试仪器主要由温度测试模块和压力测试模块组成（图 7-14）。流温流压测试仪由导向头、热电阻温度传感器、压力传感器、温度和压力测试座、电路密封腔、隔热保温瓶、保护托筒、接线密封腔、卡套密封组成、铜垫密封圈等组成。该测试部分采用压力传感器将测得的信号传给井下电路装置进行信号放大处理，然后上传给地面采集控制装置。根据现场需要优化设计了直读式流温流压测试仪的结构，使得整体结构更加紧凑，密封效果更好，更能适应现场的实际需要。

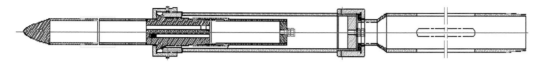

图 7-14　井下压力测试结构图

技术指标：温度测量 0～230℃，精度 ±1℃，工作压力 30MPa；压力传感器 0～25MPa，精度 ±0.5%，工作温度 230℃；井下压力变送器最高工作温度 85℃；数据采集周期可调；井深≤1500m；地面设备环境条件环境温度 0～35℃，环境湿度 5%～90%（非冷凝）；供电要求交流 220V±10%，50±1Hz，0.5kW。

4. 数据采集系统

地面数据测量记录单元包括预处理电路和数据采集电路。预处理电路由 1 路热电阻温度变送器，1 路压力变送器，2 路 I/V 转换电路组成，预处理电路输出 2 路 1～5VDC 信号送给无纸记录仪，无纸记录仪将模拟信号转换成数字信号实时显示并记录，数据存储在 CF 卡上，记录仪可通过串行通讯模式或以太网模式与计算机相连，由计算机完成实时数据采集、存储、显示、记录、绘制实时曲线等。考虑到现场实际情况不适合放置计算机，因此采用定期取回 CF 卡，用读卡器来转储、回放和打印数据或曲线。

四、监测井多点参数测试技术

多点温度、压力测试技术主要应用于重点生产井和区块的蒸汽吞吐、汽驱过程中油层内温度、压力变化的监测。通过该项技术的运用，有效解决了以下生产测试难题：一是能够监测油层温度压力变化情况；通过对测试资料分析，可以得到油层渗透率、含油饱和度变化情况等；为区块的注、采调整工艺实施提供依据；二是通过对测试资料的分析，结合测井及注、采资料，依据数值模拟，动态分析油井状态，及时反馈控制措施，为油藏和油井精细管理提供了依据；三是能监测蒸汽吞吐、汽驱过程中油层内温度、压力变化，确定油层受效层位及汽窜方向。

测试原理：利用热电阻测温、压力传感器测压技术，将采集到的电信号直接传输到地面进行解调并存储、显示。地面信号的采集处理是由专门的数字处理单元来完成，数据可以通过 CF 卡进行存储。

结构组成：主要由测温系统、测压系统、数据采集系统、数据分析存储系统等组成，如图 7-15 所示。

技术指标：压力范围 0～30MPa，精度 ±0.5% FS；温度范围 0～300℃，精度 ±0.5% FS。

作用：实时测试监测井生产井段的多点温度、压力，可及时了解油层热场变化及井间干扰现象，为分析汽驱纵向受效层位和受效时间提供依据。

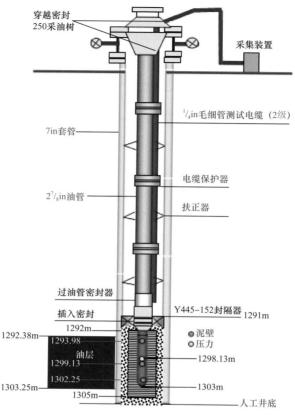

图 7-15　测试施工管柱示意图

第四节　孤岛中二北 Ng5 油藏开发实践

稠油化学蒸汽驱开发技术以孤岛中二北 Ng5 稠油为试验区块，中二北 Ng5 位于孤岛油田 Ng5 稠油环主体部位，中二北 Ng5 稠油单元是开发最早（1992 年 11 月开始注蒸汽开发）、区块储量最大（面积 4.6km²，地质储量 1028×10⁴t）、生产规模最大（共投产井120 口）、井网最完善（2000 年以后共加密 46 口）的区块（图 7-16）。

一、油藏地质特征

孤岛油田在区域构造上位于济阳坳陷沾化凹陷东部的新近系大型披覆构造带上，是一个以新近系馆陶组疏松砂岩为储层的大型披覆背斜构造整装稠油油藏，中二北 Ng5 位于孤岛油田 Ng5 稠油环主体部位，孤岛披覆背斜北翼，北部以孤岛油田二号大断层为界，西邻中一区北 Ng5 稠油，东与中二中 Ng5 稠油相接，南邻中二中 Ng5 常规水驱单元，含油面积 4.6km²，地质储量 1028×10⁴t，其中 Ng5³、Ng5⁴ 是本次试验的目的层。

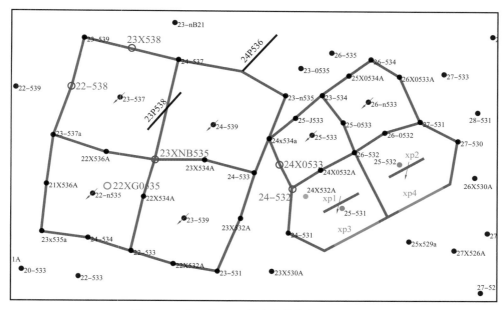

图 7-16 中二北 Ng5 稠油化学蒸汽驱试验井组

1. 地层与构造特征

中二北 Ng5 整体为一套河流相沉积砂体，整个 5 砂层组对应一个完整的中期基准面旋回。$Ng5^3$ 位于中期基准面旋回的转换位置，物源供给充足，$Ng5^3$ 依据岩性及电性特征反映出的旋回性，可以细分为 $Ng5^{31}$、$Ng5^{32}$、$Ng5^{33}$ 三个沉积时间单元。

$Ng5^3$、$Ng5^4$ 之间的隔层岩性多为泥岩及粉砂质泥岩，隔层厚度多在 1m 以上，部分井区没有隔层分布。试验区大部分区域有隔层分布，位于 $Ng5^4$ 过渡带的区域隔层厚度一般大于 2m。而在南部构造高部位存在部分连通区域，小井组东部也存在范围较小的连通区域。

中二北 Ng5 稠油单元位于孤岛背斜构造北翼中段，其北界为孤岛油田 I 号断层，内部断层不发育，其主力含油小层 $Ng5^3$ 砂体顶面构造形态为南西向北东倾没的单斜构造，地层非常平缓，地层倾角一般为 1°～3°，油藏顶面埋深为 1282～1316m。试验区大井组的北部井组位于 $Ng5^4$ 的油水过渡带，由于北部存在 $Ng5^3$、$Ng5^4$ 连通区域，$Ng5^4$ 边水对 $Ng5^3$ 油藏的剩余油分布影响较大。

2. 储层与流体特征

中二北 $Ng5^3$ 砂体全区发育，连片分布，厚度一般在 6～18m，试验区砂体厚度一般在 8～14m。试验区属于高孔、高渗透储层，孔隙度 21.9%～42.7%，平均 36.5%，渗透率 633～4094mD，平均 2449mD。

依据试油、试采资料，中二北 $Ng5^{3+4}$ 地面脱气原油密度为 0.98～1.09g/cm^3；50℃时地面脱气原油黏度为 4000～15000mPa·s；地层水总矿化度为 5000～6500mg/L，水型为 $NaHCO_3$。

试验区 50℃时地面脱气原油黏度为 6500～8500mPa·s。

3. 油水分布及油藏类型

Ng5³ 层在中二北全区基本为油层，仅在西北部构造低部位存在范围极小的边水，水体能量小，油水界面 1318m。Ng5³ 层单井平均有效厚度为 8.3m，一般为 5～12m（图 7-17）。试验区 Ng5³ 为纯油区，距离边水较远，有效厚度一般为 8～12m，其中大井组有效厚度比小井组略大。

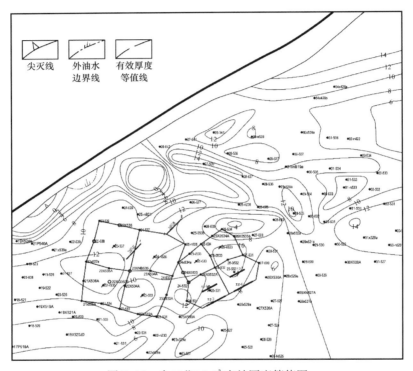

图 7-17　中二北 Ng5³ 有效厚度等值图

Ng5⁴ 层单井平均有效厚度为 3.1m，一般为 2～5m，大于 4m 区呈近东西向条带状分布。Ng5⁴ 构造低部位分布大量边水，能量较大，油水界面 1320m（图 7-18）。

试验区基本位于 Ng5⁴ 的外油水边界之内，部分区域位于油水过渡带，Ng5⁴ 有效厚度一般为 2～4m，部分区域为砂体尖灭区以及干层。

二、开发实践

1. 开发历程

试验区自 1992 年 10 月投入热采开发，经历了投产初期阶段（1992.10—1995.6），稳产阶段（1995.7—2008.1）和加密调整阶段（2008.2—2008.12），如图 7-19 所示。

投产初期阶段（1992.10—1995.6）：该阶段投产井最高达 15 口（不含报废井和上返井），阶段开井率 90.8%，阶段平均单井日产油能力为 12.8t，峰值油量 25.2t，阶段累计产油 8.2×10^4t，累计注汽 4.92×10^4t，阶段采出程度 4.6%，阶段油汽比 1.67。

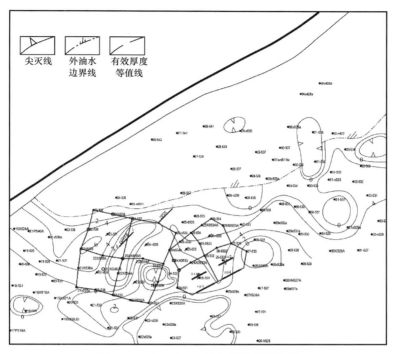

图 7-18　中二北 Ng5^4 有效厚度等值图

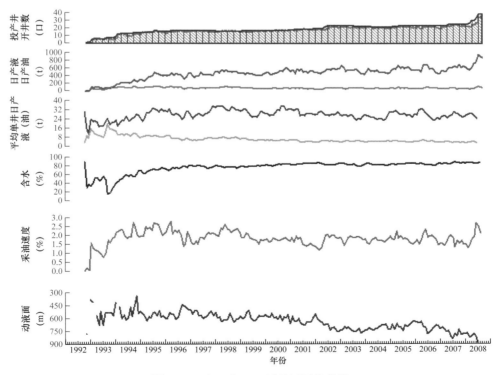

图 7-19　中二北 Ng5 试验区开发曲线

稳产阶段（1995.7—2008.1）：该阶段投产井最高达 26 口（不含报废井和上返井），阶段开井率95.2%，阶段平均单井日产油能力为6.4t，阶段累计产油41.4×10⁴t，累计注汽 17.85×10⁴t，阶段采出程度23.1%，阶段油汽比2.32，是试验区吞吐的主要采油阶段。

加密调整阶段（2008.2—目前）：该阶段投产井增加到38口（不含报废井和上返井），开井率97.3%，由于加密井投产时间短，大都只生产了2～3个月的时间，累计产油量较低，但新井的增加缓解了日产油能力的下降，采油速度也迅速提升。该阶段平均单井日产油能力为4.3t，阶段累计产油1.8×10⁴t，累计注汽1.76×10⁴t，阶段采出程度1%，阶段油汽比1.02，采油速度2.1%。

2. 试验前开发现状

截至 2008 年 12 月，试验区地质储量184×10⁴t，含油面积0.76km²，投产热采井46 口，其中报废井6口，上返2口，开井36口，试验区日产油水平104t，日产液水平869t，综合含水88%，单井日产油能力为3.6t，累计产油51.4×10⁴t，累计注汽24.5×10⁴t，累积油汽比2.4，采出程度28.7%（表7-2）。

表 7-2　中二北馆 5 试验区开采现状表

动用储量（10⁴t）	184	含油面积（km²）	0.76
投产井数（口）	46	单井日产液能力（t）	30
开井数（口）	36	单井日产油能力（t）	3.6
综合含水（%）	88.0	日产液水平（t）	869
累计注汽（10⁴t）	24.5	日产油水平（t）	104
累计产油（10⁴t）	51.4	采油速度（%）	2.1
累计产水（10⁴t）	217.8	采出程度（%）	28.7
累计产液（10⁴t）	269.2	累积油气比（t/t）	2.4

其中大井组 Ng5³ 含油面积0.50km²，地质储量121×10⁴t，井距为141m×200m，投产热采井29口，报废井5口，上返2口。目前开井20口，日产油水平71.9t，日产液水平516t，综合含水86.1%，单井日产油能力为4.5t，累计产油34.6×10⁴t，采出程度28.6%。

小井组 Ng5³ 含油面积0.26km²，地质储量63×10⁴t，井距为100m×141m，投产热采井17口，报废井1口，预计上返1口，目前开井16口，日产油水平32.5t，日产液水平353t，综合含水90.8%，单井日产油能力为2.52t，累计产油16.9×10⁴t，采出程度29.1%。

除去 2008 年投产的新井，大井组单井吞吐周期大都在3～4个周期，最高达8周期（报废井和更新井按一口井统计）；小井组大都在4～5周期，最高达7周期。试验区整体为高含水，大井组北部大多数井含水较高，在90%以上，南部部分合采井及 Ng5³ 和 Ng5⁴ 无隔层区域的生产井含水在90%以上，大井组中部多数井含水平均为75%左右；小井组高含水井多分布在北部和东部的高渗透带附近，中部多为新投井，含水平均80%左右。

投产初期阶段压力下降较快，自 2000 年以后压力下降平缓，从老井测压资料表明地层压力维持在 7～8MPa。利用水驱关系曲线，含水为 95% 时，预测试验区采收率为 36.7%，剩余可采储量仅为 $14.1 \times 10^4 t$。

3. 试验效果分析

为开展化学蒸汽驱矿场试验，2009 年新钻井完善井网，2010 年 10 月小井距井组转泡沫辅助蒸汽驱，采出程度 31.4%，2011 年 3 月大井距井组转泡沫辅助蒸汽驱，采出程度 33.5%。

图 7-20（a）为试验区在化学蒸汽驱阶段的生产动态曲线，4 个小井距井组生产井 17 口，产油量由试验前 20.2t/d 增大至峰值 101t/d，综合含水由 89% 最低下降到 74.6%，4 个大井距井组生产井 21 口，产油量由试验前 61t/d 增大至峰值 113t/d，综合含水由 89.7% 最低下降到 85.5%。截至 2015 年 12 月试验区产油量 101t/d，综合含水 91.8%，阶段累计产油 $21.7 \times 10^4 t$，采出程度 50.5%，已提高采收率 15.2%。其中 4 个小井距井组阶段累计产油 $9.5 \times 10^4 t$，阶段油汽比 0.16t/t，采出程度 54.0%，已提高采收率 18.5%，特别是北部 2 个小井距井组试验阶段累计产油 $5.1 \times 10^4 t$，采出程度已达 59.7%；4 个大井距井组试验阶段累计产油 $12.2 \times 10^4 t$，阶段油汽比 0.16t/t，采出程度 48.7%，已提高采收率 13.5%。

注汽压力上升：试验区转蒸汽驱后，注入与采出逐渐达到平衡，大小井距井组注汽压力分别稳定在 9.3MPa 和 8.5MPa 左右，实施化学蒸汽驱后各注汽井注入压力普遍上升，单井注入压力上升 0.3～2.8MPa，平均上升 1.6MPa，其中小井距井组注汽井 26N533 井注入压力由 8.7MPa 最高上升到 11.5MPa，表明化学蒸汽驱在地层中形成大量泡沫，具有较强的调堵优势通道的能力。

油井全面受效：截至 2015 年 12 月，试验区 37 口油井（一口交叉井）全部见效，见效率达 100%，27 口油井产油量增幅超过 4t/d，23 口油井在试验阶段累计产油量超过 6000t，大井距井组中部和小井距井组北部油井增油明显，其中大井距中心井 23XJ535 见效最显著，产液量由试验前 4.2t/d 上升到 54t/d，产油量由试验前 0.3t/d 上升到 9.7t/d，且稳定时间近 4 年，阶段累计产油 11496t，平均日产油 6.6t［图 7-20（b）］。

平面驱替更均衡：对比 2011 年 2 月和 2014 年 5 月小井距井组示踪剂测试资料，发现 2011 年 2 月蒸汽驱期间示踪剂在各方向推进速度差异较大，推进速度在 5.4～19.6m/d，变异系数达 1.68，其中 25P532 井组在注入示踪剂 14 天后对应 24P530 油井监测到示踪剂，推进速度达 19.6m/d，分析为优势通道，而井组西北方向示踪剂推进速度较慢；实施化学蒸汽驱后，2014 年 5 月监测示踪剂在各方向推进速度差异明显变小，推进速度为 4.3～6.2m/d，平均 5.6m/d，变异系数 0.13，平面推进更均衡，说明泡沫在高温蒸汽驱过程中发挥调堵作用。

单井生产动态上有两种截然不同的表现：（1）蒸汽驱期间受效明显的油井在化学蒸汽驱阶段井口温度下降，液量下降，含水下降，如 25X0345 井在 2011 年 9 月实施化学蒸汽驱，井口温度由 93℃ 最低下降到 58℃，产液量由 64t/d 最低下降到 43t/d，含水由 87.5% 最低下降到 80.6%，表明泡沫实现对优势通道的调堵，蒸汽在该方向推进速度得到抑制；（2）蒸汽驱期间受效不明显的油井在化学蒸汽驱阶段产量上升，含水下降，如

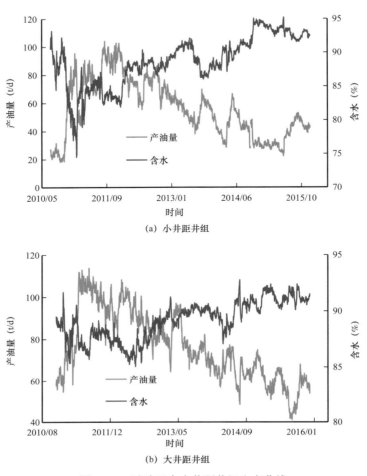

(a) 小井距井组

(b) 大井距井组

图 7-20　试验区大小井距井组生产曲线

26X0533 井在 2011 年 9 月实施化学蒸汽驱，产液量由 15.2t/d 最高上升到 38.4t/d，含水由 84.2% 最低下降到 66.1%，产油量由 2.4t/d 最高上升到 13t/d，表明泡沫实现对其他优势通道的封堵后，蒸汽在该方向推进速度得到加强。

驱油效率高：2014 年 10 月在小井距 26N533 井组距离注汽井 77.7m 的主流线上完钻一口密闭取心井 26XJ532，岩心分析平均剩余油含油饱和度为 19.8%，井间含油饱和度大幅降低，其中上部驱油效果更好，岩心分析剩余油含油饱和度仅 15.7%。经过油水饱和度校正后，平均剩余油含油饱和度为 27.7%，平均驱油效率 62.4%，上部储层驱油效率达 70.5%。

参 考 文 献

［1］Dong X, Liu H, Chen Z, et al. Enhanced Oil Recovery Techniques for Heavy Oil and Oilsands Reservoirs after Steam Injection［J］. Applied Energy, 2019, 239：1190–1211.

［2］刘慧卿 . 热力采油原理与设计［M］. 北京：石油工业出版社，2013.

［3］常峰伟.超稠油油藏吞吐后汽驱接替方式研究［D］.青岛：中国石油大学（华东），2018.

［4］孙建芳.稠油油藏表面活性剂辅助蒸汽驱适应性评价研究［J］.油田化学，2012，29（1）：60-64.

［5］刘灏亮.多介质蒸汽驱用高温封堵剂制备及其性能评价研究［D］.大庆：东北石油大学，2018.

［6］Wang C，Liu H，Zheng Q，et al. A New High-Temperature Gel for Profile Control in Heavy Oil Reservoirs［J］. Journal of Energy Resources Technology，Transactions of the ASME，2016，138（2）：022901.

［7］王晓龙.稠油油藏复合泡沫辅助蒸汽驱提高采收率技术研究［D］.青岛：中国石油大学（华东），2018.

［8］Fortenberry R. Experimental Demonstration and Improvement of Chemical EOR Techniques in Heavy Oils ［J］. University of Texas at Austin，2013.

［9］樊宏伟，刘菊泉，宋胜军，等.油气井井下隔热技术及应用现状研究［J］.长江大学学报（自然科学版），2014，11（16）：54-57，6.